〔日〕芦原义信 著
尹培桐 译

外部空间设计

U0247974

江苏凤凰文艺出版社
JIANGSU PHOENIX LITERATURE AND
ART PUBLISHING, LTD

中文版序

　　芦原义信出生在一个始于江户时代的医生世家，倾其一生于建筑师的工作，直至终年85岁，除完成了超过300项以上的建筑设计外，还深入展开了对外部空间与街道的研究和教育活动。1951年留学美国哈佛大学研究生院，师从格罗庇乌斯，并在马歇·布劳耶的事务所工作。在洋溢着包豪斯的时代潮流思想的大本营中学习了现代建筑，据说他感受最为深刻的是从中学到的"be creative, be original"，即绝不模仿别人，坚持思考自我的原创设计的思想。回国后，通过建筑作品，为日本导入正统派的现代主义设计做出了极大的贡献。

　　在设计工作之余，芦原义信不停地对建筑和街道展开思索。通过与提倡对近代城市的批判和回归人性化生活环境的，《美国大城市的死与生》的著者简·雅各布斯、凯文·林奇、菲利普·希尔、劳伦斯·哈普林等可以称得上是当时建筑与城市规划的人性派的代表人物的交流，芦原义信在留学时便开始意识到营造人性化生活环境的重要性。当时，作为以柯布西耶为代表的现代主义建筑主流，通过整体构思手法来构筑饱含活力的未来城市，将设计思潮引向了重视建筑形式或样式的方向，在日本这一思想的代表是丹下健三。与此相对，芦原义信却倾向于采用局部构思的手法，着眼于内容的思考和街道的形成等。

　　通过芦原义信的两部著作，沿《外部空间设计》《街道的美学》（包括《续街道的美学》）的先后顺序，可以追溯到一位建筑师的思想的进化与展开。在《外部空间设计》（日文初版1975年，下同）中，将日本的街道与意大利的进行对比，以内部秩序与外部秩序的理论阐明了由单个建筑到街道的不同构筑原理，提倡通过外部空间构筑建筑群，共同形成魅力的街道的设计理论。《街道的美学》（1979 年）则将外部空间理论在街道的尺度上加以展开，向一般的读者们广泛地论述与历史、文化和人们生活意识密切相关的街道理论。指出了二战后，东京的复兴并没有基于确切的理念，而是优先考虑了保护土地所有者的私有权益的问题，并在此基础上提出了要建设有魅力的街道，必须重视街道的美学的主张。将局部构思，而非整体构思作为今后建筑、城市构成上的优位原理，为了对应个人生活的充实和个性化等，提倡重视存在于人们意识之中的街道的美学。芦原义信的著作和随笔集的共同点是，所记述的内容都是基于本人的眼见、所察和思考，同时通过将日本人的生活和思想与西欧的思想加以对比，来加深对内容的思考。

这次，《外部空间设计》《街道的美学》两部著作，以及由原日文版《屋顶阁楼中的小书斋》《建筑空间的魅力》和《探索秩序》三本书拔萃而成的《芦原义信随笔集》（两卷）得以在中国出版，甚是欣慰。谨此向参与出版工作的相关各位致以厚意。在此，衷心希望众多的读者在阅读芦原义信的著书和随笔中，获得面向未来人性化的建筑和街道的意念，并加深各位对建筑与街道的思考。

建筑师芦原太郎

序　言

　　《外部空间设计》一书得以出版，我非常高兴。此书原本是我于1960年根据洛克菲勒财团提供的研究经费，以纽约为中心开展关于外部空间设计的研究成果。当时，使用同一个财团提供的经费研究相同内容的凯文·林奇（Kevin Lynch）和简·雅各布斯（Jane Butzner Jacobs）偶尔会到访。现在回想起简·雅各布斯女士写书的样子，我们推测大概是在思考《美国大城市的死与生》的内容吧。我的专业是建筑设计，因此，我只不过是一边设计一边继续研究而已。虽然不能说我的研究和他们比起来更加充分，但是估计是不同的东西。我的强项是通过设计的工作将自己的思考在作品中实行，因此，这里给出的案例除了第4章少数的案例之外，全部都是我自己的作品，这一点请读者原谅。因为，建筑师确信自己的思考可以通过作品表现出来，哪怕只有一点儿。其他的案例都是历史上的建筑，或者现存的不清楚的某个人的作品。

　　我使用前面所说的研究经费，两次访问过意大利。在意大利令我最吃惊的事情是，像我这样的日本人和意大利人的空间概念完全相反。这种对立成为我思考空间论的基本的启迪。

　　这本书的出版，得到了很多人的帮助。首先，洛克菲勒财团的人文学部的理事查尔斯·法斯（Charles B.Fahs）博士再次对研究给予援助，对此深表感谢。同时，这本书可以在美国出版，我的朋友 G. E. 基德·史密斯和内森·格莱泽尔给予了大力支持，在此同样表示感谢。还有，和我研究同样领域的菲利普·蒂尔读过原稿之后，提醒我各处需要注意的事情也不能忘记。还有，决定出版这本书的瑞因霍德出版社的理事简·考夫德，在此对他致以谢意。这本书的基本构想是在 1962 年彰国社出版的《外部空间的构成》的基础上，增加了之后的研究内容，重新写的。对在美国出版本书提供支持的彰国社的金春国雄先生，在此致以谢意。在这本书制作的过程中，摄影师二川幸夫先生在世界各地奔走，提供了十分出色的照片，还有其他优秀的摄影师们，画了美丽插画的大场比吕志先生，还有将我的日语翻译成英语的翻译家星野郁美，留心出版的各项事宜的瑞因霍德出版社的南希·纽曼女士，以及我的秘书坂本莱子夫人，还有负责制作图片的职员泽田隆夫以及其他职员，得到了他们的鼎力相助，在此表示感谢。另外，从芬兰远道而来的奥利斯·布隆斯达特教授送给我这本书的小插画，对于他的好意我牢记在心。最后，如果没有我的妻子初子始终如一的支持，这本书可能不能出版。在此我想表达我的谢意。

芦原义信

前 言

　　1962年，我将彰国社出版的《外部空间的构成》的一部分翻译成英文，附在书里送给内森·格莱泽尔和 G. E. 基德·史密斯的时候，得知美国学术界也对外部空间的问题感兴趣，两位先生说要找出版社商议将本书翻译成英文出版。

　　格莱泽尔先生与里斯曼先生共同撰写了《孤独的群众》一书，他是活跃于美国的社会学者，他为了研究东京的城市问题来到日本。史密斯先生的著作《意大利建筑》（*Italy Builds*）对我影响很深，让人们有机会了解意大利，我对这样的人心怀尊敬。

　　不知过了几年，这些话已经彻底被遗忘了。纽约瑞因霍德出版社（Van Nostrand Reinhold Company）的理事简·考夫德到我的事务所访问，提出将《外部空间的构成》翻译成英文版。当时，简·考夫德对二川幸夫的照片很感兴趣，才来到日本，但是看到留着开花头发型（译者注：日本明治时期颁布"断发令"后，男子剪去发髻的披散短发发型）的年轻摄影师千驮谷先生的摄影室拍出了很多令人惊叹的优秀的摄影作品，才开始彻底对日本人的实力刻骨铭心。

　　我说，难得要出版就不要翻译而是直接写一本新书吧，对方当场就说"可以"，我这边目录和内容准备好后就可以签出版协议，条件是执笔时间为 1 年。建筑设计相关的书在纽约得以出版的责任和期待使我充满干劲，在《外部空间的构成》（彰国社）一书的基础上，增加了新的研究内容，重新写了《外部空间设计》（*Exterior Design in Architecture*）一书。

　　本书的照片尽可能麻烦二川幸夫先生提供。本书的插画想请大场比吕志提供，因此带着忐忑的心情前去拜访大场先生，很快便得到大场先生的承诺。建筑的插画中出现的人物的头部大多比通常的比例要小，但是大场先生画的人物的头部要大一些，猛然发现这样做反而提高了这本书的价值。

　　这次，《外部空间设计》的英文版是其日语版出版社彰国社的金春国雄先生大力支持的产物，是翻译家星野郁美用优秀的英文将我写的日语版原原本本翻译而成的，是我自己再次翻译和校对的产物。另外，图片说明是全部新加上去的。《外部空间设计》与旧版的《外部空间的构成》有共通的构想，也有全新的内容。本书的内容展示了我根据自己的研究和经验，通过实验证实的关于建筑的外部空间的思考方式。很多都是我自己的主观见解，请读者朋友多多指正，今后如果能对其中的内容进行充实，我会非常荣幸。

　　出版本书的时候，得到了彰国社的金春国雄先生、山本泰四郎先生、后藤武先生的帮助，在此表示感谢。另外，对排版的坂本菜子夫人同样致以谢意。

芦原义信

1974 年秋

译者序

大谈空间，从世界建筑学领域来看，似乎越来越成为一种时尚。形形色色的空间概念，洋洋洒洒的空间专著，令人眼花缭乱莫知所从。当然，这当中也确实有不少真知灼见，如凯文·林奇（Kevin Lynch）根据城市景观儿时记忆的调查分析，撰写了《城市意象》（*The Image of the City*）一书，被称为是划时代的名著，其影响迄今未减；诺伯格·舒茨（C. Norberg Schulz）的《存在·空间·建筑》（*Existence, Space and Architecture*）从任何空间知觉均有意义，因此必须与更稳定的图式体系相对应这一观点出发，论述了人在世界上为自身定位所必需的基本空间概念，其影响仅次于凯文·林奇。此外，如克里斯托弗·亚历山大（Christopher Alexander）关于图式语言（Pattern Language）的研究、罗伯特·文丘里（Robert Venturi）在建筑形体理论方面的创新等，这些研究成果把建筑论空间论推向了一个新的高度。

与此同时，也有不少空间论，文字晦涩难解，内容玄奥莫测，而且往往是越来越离题，从而许多人对空间问题已经感到厌烦，他们宁愿谈"结构""体系"或"环境"，这也不是不可理解的[①]。

就是在这样的背景之中，我看到了芦原义信这本《外部空间设计》。这本书既包含着空间论，也包含着方法论。作者融汇了当前世界上的空间理论，并在此基础上又创造性地提出"内部秩序与外部秩序""N 空间与 P 空间""逆空间"等一系列颇有启发的概念，而且，更难得的是全书所引用的建筑实例均系作者本人的作品，这些作品又都是作者本人理论的产物，因此，此书不仅可供阅读，更可作为设计实践中非常有价值的参考。

---

①：诺伯格·舒茨（C. Norberg Schulz），《存在·空间·建筑》（*Existence, Space and Architecture*），1971 年。

1982 年译者应早稻田大学建筑系邀请访日时，曾专程拜访了芦原义信先生，他一见面就很客气地问我：

"您为什么要翻译我这本书呢？"

上面那段话就是我当时的回答，这里我想也可以作为对作者说明的、翻译介绍此书的目的所在吧。

芦原义信是当代日本、也是国际知名建筑师，他曾几次来我国讲学。芦原义信的主要著作除《外部空间设计》外，还有《街道的美学》（获日本第三十三届每日出版文化奖）、《建筑空间的魅力》等。他的著作《街道的美学》以及其他一些重要作品，我国均已翻译发表或有所介绍，因此我国建筑界对芦原义信先生是比较熟悉的。

芦原义信 1942 年毕业于东京大学建筑系，1953 年毕业于哈佛大学研究生院，同年曾在著名建筑师马歇·布劳耶（Marcel Breuer）事务所工作。1956 年在东京创建芦原义信建筑设计研究所。20 世纪 60 年代以来曾先后任东京大学、武藏野美术大学教授，新南威尔士大学、夏威夷大学等客座教授。他还曾担任日本建筑学会副会长、日本建筑家协会会长等职，并多次应邀担任国内及国际设计竞赛评选工作。

20 世纪 50 年代以来，他设计了各种类型的建筑作品共达一百余项，其中不少作品具有一定的国际影响力。他设计的蒙特利尔 1967 年世界博览会日本馆曾获文部大臣奖，他设计的意大利文化会馆曾获马可波罗奖。

《外部空间设计》的中文版，译者对全文做了校正。原书后记详述了成书经过及当前建筑空间论的发展动向，有助于读者了解国外建筑理论概况，现也一并译出附于书后。限于水平，不妥或误译之处实所难免，尚祈不吝赐教。

尹培桐

1984 年 3 月 20 日

Black and white—positive and negative. (Drawing by Aulis Blomstedt)

目　录

第一章　外部空间的基本概念

1. 外部空间的形成

空间基本上是由一个物体同感觉它的人之间产生的相互关系所形成的。这一相互关系主要是根据视觉确定的，但作为建筑空间考虑时，则与嗅觉、听觉、触觉都有关。即使是同一空间，根据风、雨、日照的情况，有时印象也大为不同。

即便在日常生活中，也经常无意识地在创造空间。例如，有时去野餐，在田野上铺上毯子。由于在那里铺了毯子，一下子就产生出从自然当中划分出来的一块一家团圆的场地。收起毯子，即又恢复成原来的田野。

又如，男女二人在雨中同行时，由于撑开雨伞，一下子在伞下产生了卿卿我我的两个人的天地。收拢雨伞，只有两个人的空间就消失了。再如，由于户外演讲人周围集合的群众，产生了以演讲人为中心的一个紧凑的空间。演讲结束群众散去，这个紧凑的空间就消失了。

所谓空间，就像这样是非常有趣的，是有研究价值的。老子说得很妙："埏埴以为器，当其无，有器之用。凿户牖以为室，当其无，有室之用。是故有之以为利，无之以为用"。实际上，捏土造器，其器的本质也不再是土，在它当中产生了"无"的空间。建筑师创造这个"无"的空间时，土这个材料仍然是必需的，这一点是不能忘记的。

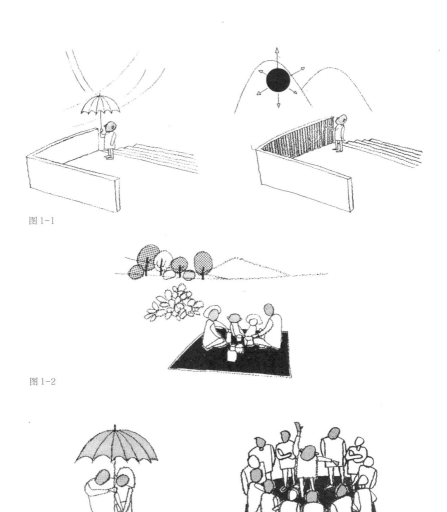

图 1-1

图 1-2

图 1-3   图 1-4

即使是同一空间，下雨时和天气晴朗阳光灿烂时，给人的印象完全不同，这是人人都体验过的。而且，人多时和独自一人时气氛完全不同。就像这样，空间的形成，外界条件是要给予感觉它的人以影响的。如铺开毯子，或是撑开雨伞，会在那里产生特定的场地。再有，就连发表演说时，也会在那里产生紧凑的空间。

　　根据常识来说，建筑空间是由地板、墙壁、天花板所限定的。因此，可以认为地板、墙壁、天花板是限定建筑空间的三要素。当然，最近墙壁与天花板形成一体的曲面结构以及地面构成了原来的墙壁与天花板的地下建筑等，也有上述三要素不明显的情况。不过，即使在进入宇宙时代的今天，考虑建筑空间时，从重力上承托人的地面，无论如何也还是必需的。室外空间也和室内空间一样，地面的质地、纹样、高差等全都是十分重要的设计重点，关于这方面的内容，将在后面章节详述。

　　建筑师，就是在地面、墙壁、天花板上使用各种材料去具体地创造建筑空间的。例如，在灿烂阳光照耀的毫不出奇的平坦土地上，用砖砌起一段墙壁，于是，在那里就的的确确地出现了一个适合恋人们凭靠倾谈的向阳空间，在它背后则出现了一个照射不到阳光的冷飕飕的空间。拆去这段墙壁，就又恢复到原来的毫不出奇的土地。

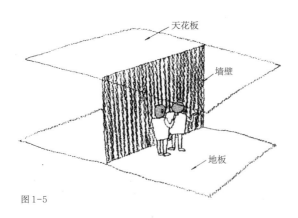

图 1-5

住进美国或欧洲的旧式饭店中，天花板特别高，墙壁砌筑得十分坚厚。限定空间的三要素可以说就是地板、墙壁、天花板。睡在这样房间的床上仰望天花板，的确会有"这不就是地板、墙壁、天花板吗？"这样的实感。近来，日本的装配式住宅等，总觉得限定空间的三要素薄弱，作为人工形成的环境也好，作为建筑空间也罢，都不够充分。

又如，在空无一物的地面上空，如果吊起一块华盖似的物体，在它下面就会出现一个酷热的阳光下保护人们的休息空间。拆除这个华盖，则又恢复到原来的平坦土地。这样，由于出现墙壁或天花板，在那里就可以创造建筑空间，根据它出现的情况，空间的质变化很大。

只要在空间里出现一段墙壁，有时就会产生出乎意料的效果。用这样的方法可出现明暗、表里、上下、左右等的空间划分。

图 1-6

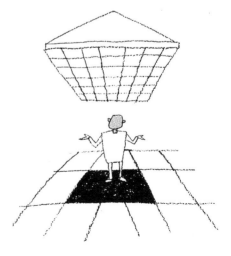

一般，只要华盖似的屋顶出现，外部空间也许会被说成是内部空间，在领域进行上同外部相联系的米兰商场等可供参考。

图 1-7

　　那么，究竟什么是建筑外部空间呢？首先，它是从在自然当中限定自然开始的。外部空间是从自然当中由框架所划定的空间，与无限伸展的自然是不同的。外部空间是由人创造的、有目的的外部环境，是比自然更有意义的空间。所以，外部空间设计，也就是创造这种有意义的空间的技术。由于被框架所包围，外部空间建立起从框架向内的向心秩序，在该框架中创造出满足人的意图和功能的积极空间。与之相对地，自然是无限延伸的离心空间，可以把它认为是消极空间。

　　由建筑师所设想的这一外部空间概念，与造园家考虑的外部空间，也许稍稍有些不同。因为这个空间是建筑的一部分，也可以说是"没有屋顶的建筑"空间。即把整个用地看作一幢建筑，有屋顶的部分作为室内，没有屋顶的部分作为外部空间考虑。所以，外部空间与单纯的庭园或开敞空间自然不同，这是显而易见的。

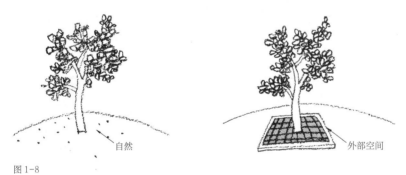

自然　　　　　　　　　　　　　　　外部空间

图1-8

外部空间首先是从限定自然开始的，在自然当中由边框架起一棵树，就在该处创造出外部空间。

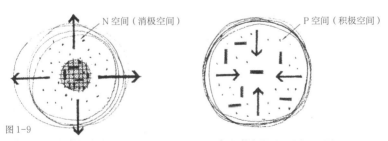

N空间（消极空间）　　　　　　　P空间（积极空间）

图1-9

自然是无限延伸的离心空间，相对地，外部空间是从边框向内建立起向心秩序的空间。

如前所述，建筑空间根据常识来说是由地板、墙壁、天花板三要素所限定的。然而，外部空间是作为"没有屋顶的建筑"考虑的，所以就必然由地面和墙壁这两个要素所限定。换句话说，外部空间是用比建筑少一个要素的二要素所创造的空间。正因如此，地面和墙壁就成为极其重要的设计决定因素了。

由于外部空间不是无限延伸的自然，而是"没有屋顶的建筑"，所以平面布置（平面规划）是比什么都重要的，对在什么地方布置什么要充分进行研究。因为要以二要素进行设计，所以无论对地面还是墙都应进行仔细推敲。例如，材料的质地，随着地面的高差变化，以踏步或斜道联系其间也很重要。关于墙面的材质，因为外部空间比内部空间距离大，所以也要事先了解在多远的距离才能看清材质。还有，墙的高度比视线高还是低，它的灵活运用也是很重要的。此外，墙的高度（H）与距离的比例（D/H）关系也有必要事先加以研究。在外部空间设计时，比内部空间多使用了树木、水、石等条件。而且，耐风化的焙烧材料、砖、片石、室外雕塑、室外家具等也被采用了。向阳方向的空间可借以产生阴影，因而是重要的；而背阳的外部空间则变得枯燥无味。照明设计同内部设计一样，在烘托夜晚的气氛上是极其重要的。照明不仅是照亮整体的一般照明，还要关心在低处点状布置的局部照明。

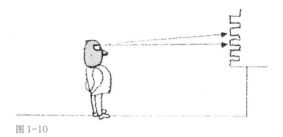

在外部空间的设计中，事先了解
外墙的材质，从多远的距离，怎
样才能看到，这是很重要的

图 1-10

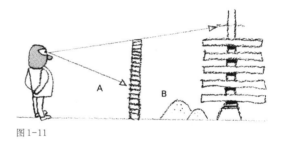

如果墙比视线高，空间即被分隔
成 A 与 B

图 1-11

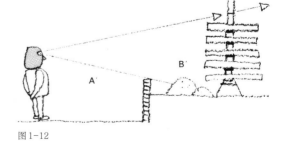

墙若低于视线，A′ 与 B′ 空间
在视觉上成为一体

图 1-12

那么，以锡耶纳①坎波广场（Piazzadel Campo ）为例，再来对外部空间做一番考察吧。这个广场据考是从 11 世纪末经过了两个世纪以普布里哥官为中心发展来的，15 世纪铺装的 9 个扇形部分向普布里哥官方向倾斜，在中央高起的部分，在适当的位置设置了从旧时水道引出的喷水设施，形成了一个适于举行活动的布置。即使现在仍每年举行中世纪风的帕里奥（Palio）竞赛，大量市民都会聚集于该广场观看赛马。广场周围的建筑群，其高度及窗子的比例各异，由于岁月的流逝而呈现出"多样的统一"。看了它的航空照片，的确会产生所谓"没有屋顶的建筑"的实感。坎波广场即便今天仍具有作为街道核心的功能，并作为优秀的外部空间而存在。意大利中世纪的城市，是由城墙包围的向心空间，整个城市宛如一幢建筑一般，的确可以说广场是整个街道的起居室。基达·斯密斯在他所著的《意大利建筑》（ *Italy Builds* ）一书中这样阐述："意大利的广场，不单单是与它同样大小的空地。它是生活的方式，是对生活的观点。也可以说，意大利人虽然在欧洲各国中有着最狭窄的居室，然而，作为补偿却有着最宽敞的起居室。为什么这样说呢？因为广场、街道都是意大利人的生活场所，是游乐的房间，也是门口的会客室。意大利人狭小、幽暗、拥挤的公寓原本就是睡觉用的，是相爱的场所，是吃饭的地方，是放东西的所在。绝大部分余暇都是在室外度过，也只能在室外度过"。

①锡耶纳：意大利中部托斯卡纳区的一个古老的小城市。——译注

意大利锡耶纳坎波广场

　　然而，对日本人来说意大利的广场空间最有意思的是，它连一株树木都不种，地面施以美丽图案的铺装，除了有无屋顶之外，看不出房屋内外的差别。而且，窗子很小的厚重墙壁，明显地划分了内部与外部空间，空间丝毫没有渗透性。就在这样的意大利广场上，人们品尝着令人倦怠的意大利葡萄酒，怡然自得地闭目养神。可以这样幻想，把原来房子上的屋顶搬开，覆盖到广场上面，那么，内外空间就会颠倒，原来的内部空间成了外部空间，原来的外部空间则成了内部空间。像这样内外空间可以转换的可逆性，在考虑建筑空间时是极有启发性的。就是在这里想到了"逆空间"（reverse space）这一概念。某人到牙医那里拓齿型时，该齿型正好成为那个人齿列的"逆空间"。

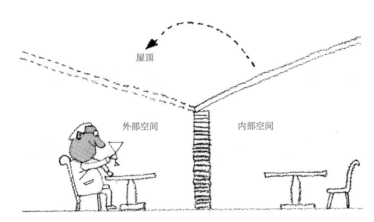

屋顶

外部空间　　　　内部空间

图 1-13

就连恨不得马上脱鞋的日本人，在意大利因空气干燥之故，也不想脱鞋了。意大利建筑的显著特征之一，是内外空间的近似性。以有无屋顶而区别内外，而且，毫无例外地不管在室内还是室外都穿着鞋生活。利用意大利葡萄酒来在表达这一空间的特性，即成此图。

逆空间

图1-14

相对地，日本建筑空间就很不同。就像一进屋成为象征似的，日本建筑的内外空间被明显地区别开，它产生了日本建筑洗练的美。但反过来在内部空间难于确立个性，在外部空间看不到公共性。那么，请一边对照牙医所拓齿型，一边仔细体会意大利同日本空间概念的区别。

看一下意大利地图就很清楚地了解，建筑物以外的空间即成为道路或广场——换言之，建筑物直接与道路衔接。因此，将它黑白颠倒了放在一起来看，从逆空间的观点来说，乍看并没有什么不妥，这是很有意思的。进行外部空间设计时，就连"逆空间"也要满足设计意图。建筑师对自己设计的建筑所占据的空间十分关心，这是很自然的，可是，就连建筑没有占据的逆空间，也要给予同样程度的关心。换句话说，把建筑周围作为积极空间设计时，或再换句话说，把整个用地作为一座建筑来考虑设计时，这才是外部空间设计的开始。

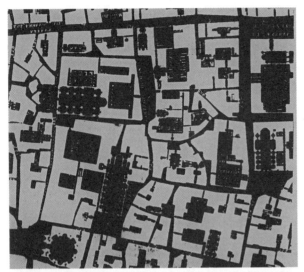

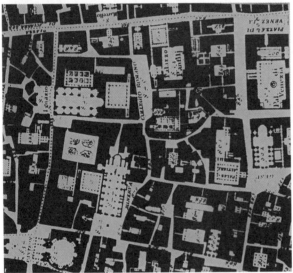

图 1-15A

意大利街道地图，表示了建筑与广场及道路等未被建筑占据的空间之间的关系。在这幅地图中可以看到前述的意大利建筑内外空间的近似性，即使像图 1-15A 那样将其黑白颠倒，也不会感到有什么不妥，因建筑未占据的剩余空间即成为道路，所以道路时宽时窄，这是很有意思的。

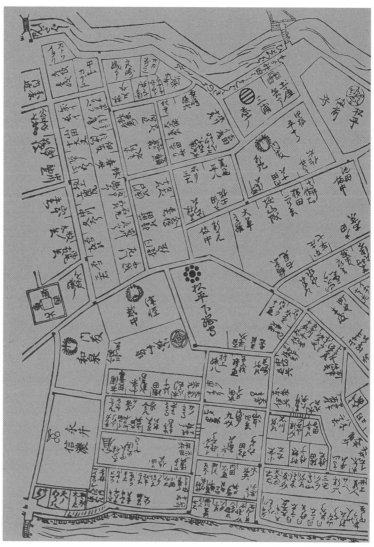

图 1-15B

再看一下江户（今东京）古版地图，这是表示用地与道路关系的用地划分图，因建筑物不限于像意大利那样充满用地，所以道路与建筑之间还有剩余空间，多需建围墙。不用说，把图1-15B 的地图黑白颠倒过来看也没有多大意义。这一事实可以说象征性地表示了意大利的街道与日本的街道的本质区别。

锡耶纳和圣基米诺都是意大利托斯卡纳地区极有魅力的城市，是许多艺术家居住的古城。由于街道复杂交织，因此必须来到这个坎波广场才能找到迷宫一般的小街道。这个广场是约为100米×140米的大空间，周围的建筑以5~6层者居多。D/H可考虑为5~7左右。9个三角形的铺装面形成倾斜的扇形广场，周边立有石桩。七月间举行当地有名的帕里奥竞赛，在石桩外侧按顺时针方向赛马。观众除了在广场内侧普布里哥宫前设置的席位参观外，还可从建筑的窗子里助威。作为空间来说有意思的是，建筑的外墙在举行帕里奥之际反转成为比赛场的内侧。恰像是把钱包翻转过来，让里侧朝外时一样。平时的锡耶纳，在宁静的街道中可看到坎波广场上大量的鸽子在嬉戏和临时摆设的摊位等。石材铺装是完整的，可令人惊讶的是连一棵树都没有。桩子内侧的大空间的确是步行者的天堂，可以纵横自由阔步，这真是赏心乐事。

2. 积极空间与消极空间

建筑空间可以大体分为从周围边框向内收敛的空间和以中央为核心向外扩散的空间，因此，想对空间的积极性和消极性加以探讨，并对收敛空间和扩散空间是怎样的，它们各自的关系如何，进行探讨。

对于某对象 A，把包围它的空间 B 作为充实的内容考虑时，B 对 A 来说可认为是积极的（Positive），这里称 B 为对 A 的积极空间（P-Space）。而当考虑包围对象 A 的空间是自然的、非人工意图的空间时，B 对 A 来说可以认为是消极的（Negative），称 B 为对 A 的消极空间（N- Space）。

例如，用西欧的油画技法描绘静物时，经常是连背景也用颜料涂满，因此可以把它视为积极空间。东方的水墨画，背景则未必着色，空白是无限的、扩散的，所以可以把它视为消极空间。这样两个不同的空间概念，有时得到 N → P 的质的转变机会而维持平衡，也有经过长时间与自然同化，包含着成为 P → N 的可能性而维持平衡的情况。所谓空间的积极性，就意味着空间满足人的意图，或者说有计划性。所谓计划，对空间论来说，那就是首先确定外围边框并向内侧去整顿秩序的观点。而所谓空间的消极性，是指空间是自然发生的，是无计划性的。所谓无计划性，对空间论来说，那就是从内向外增加扩散性。因而前者具有收敛性，后者具有扩散性。

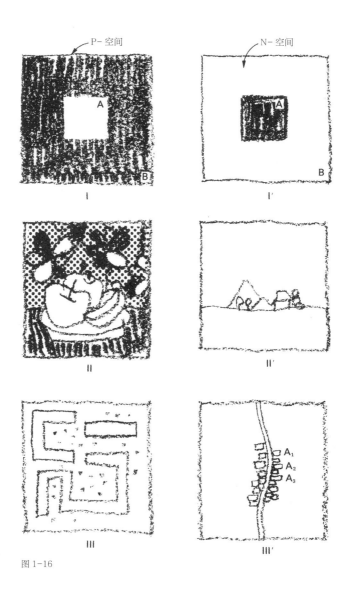

图 1-16

左侧图Ⅰ、Ⅱ、Ⅲ为 B 对于 A 可作为充实空白来考虑的系列。右侧图Ⅰ′、Ⅱ′、Ⅲ′为对 A 图形来说 B 的空白未加充实的系列。前一系列是建立向心秩序的观点，是有计划的。后一系列是离心的，是自然发生的。

那么，这个积极空间与消极空间的概念，运用到实际建筑上，是怎样的情况呢？

对象 A 如果是方尖碑或雕塑那样的中心性物体，并且是在无限延伸的自然环境中，对于对象 A 来说，周围就可以视为消极空间。这种场合，对象 A 也可以说就是唯一的、纪念性的。如果把 A 假设为柱子或暖炉等独立的物体，因其周围的居住空间在三次元方面是充实的东西，所以可以认为是积极空间。根据这一意义，建筑的室内空间可以说是具有内部功能的积极空间。

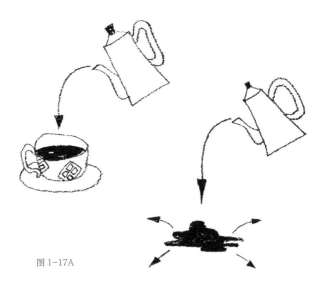

图 1-17A

说到空间论，所谓计划，就像是向杯子中倒水，水不会从杯子这个框架中溢出，并随着它的形状建立起向心的秩序。相对地，所谓无计划，就像把水倒在桌子上，水滴滴嗒嗒地扩展开来。

　　其次，图 1-16 Ⅲ′ 中的对 A_1、A_2、A_3 若作为一幢幢建筑来考虑，这就相当于自然发生发展的沿路村落，它周围的空间是无限的、扩散的，可视为消极空间。这样的空间根据需要逐步不规则地发展扩大，既有导向无计划性混乱状态的情况，也有根据计划而产生出往往被忽略了的人性的情况。图 1-16 Ⅲ 中，建筑群外部具有油画背景般的充实空间，该空间包含了人的意图和计划性，可以作为积极空间来考虑，外围具有整齐的边框，不能再向外延伸，因而有待内部的高度功能化，外部空间就是在这里形成的。

图 1-17B

某天，如果留心就会发现，有三个不听话的孩子的夫妇，同有三个很听话的孩子的夫妇的根本区别，一种情况是在向心意识支配下有"计划"的，一种情况是任其演变为离心意识的。

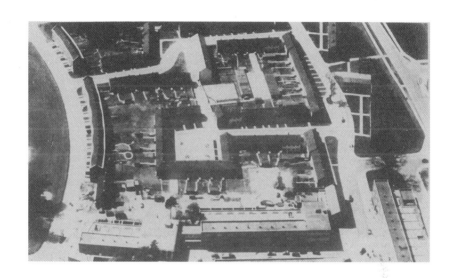

当具有外框这一建筑规划上的强烈意识，以从框架向内整顿秩序的方法，彻底注意到框架内用地的每个角落，就能充分发挥内部功能。这恰似向杯子中倒水的情况，水位随着杯子形状逐步上升，毫无遗漏地充满杯子的每个角落。

上图是哈罗住宅区航空照片，若从空中鸟瞰英、美等国的规划城市就可以发现这样的实例那真是多得很。左图是日本的航空照片，沿道路自发形成的村落，在日本到处可见。它的形状恰像是把水倒在杯子时的情况，以阿米巴形状不规则发展扩大而形成路线形村落。

前些时候，曾有机会乘塞斯那机飞过意大利的阿斯提以及佩鲁佳上空，被城墙包围的所谓"围郭城市"的景象，与日本的路线形村落是完全不同的。它是向心秩序型的，城市周围具有城墙的围郭城市在世界上的分布，若据木内信藏所说则多在干燥地带，但在日本这样的湿润的季风地带务农村落的情况，其最自然的村落形态，就是离心秩序形的路线型村落，恐怕这也包含着无需防御外敌这样的因素，而不是从湿润气候所归结的吧。

如图 1-18 那样，就连对象 A_1 存在着充实的 P_1 空间的情况下，其边框之外也还存在 N_1 空间，如果其周围的 N_1 空间可以 P 化，那么，曾为 N_1 空间的位置就成为 P_2 空间。但是，在 P_2 空间之外仍存在 N_2 空间。这样的反复是永远继续的。对建筑师来说，应当预计到在什么地方设大致的界限，这在外部空间形成上成为重要课题。过大地考虑它的范围，就成了城市规划、地区规划、国土规划乃至宇宙规划……这远远地超出了建筑师经管的范围。

其次，再来考虑一下关于空间的渗透性。在砖石结构那样的砌筑建筑中，要造门窗等开口，就必须采用楣式或拱式结构从墙上开洞。相对地，日本的传统木结构建筑是由梁、柱构成的梁架结构（日本称"轴组构造"一译注）建筑，没有梁柱的部分均可成为开口部位，因而不像砖石建筑那样开洞，勿宁说如何堵洞倒是要关心的事。一般来说，梁架结构的房屋开口部分大，内部与外部相互有渗透性，作为空间则没有明显的内外区域界线。而且，日本的传统木结构建筑不但与自然对立，同时又融于自然之中。在日式庭园设计中，乍一看庭园好像是自然，但实际上它是由人工技术创造的经过加工的自然缩图，是与真正自然的 N 空间根本不同的空间。如果勉强命名，也可以说它是从内部的 P 空间渗透出来的 PN 空间吧。根据这个道理，必然希望与 N 空间的自然之间有边框。举个例子，我们来看一看京都龙安寺的石庭。在空间从室内向石庭渗透的情况下，就需要阻挡渗透的边框。这个石庭中，庭园周围的筑土墙是非常重要的设计要素，如果没有这段围墙，这个庭园就不成立。围墙外面是与龙安寺没有直接关系的 N 空间，但日本庭园的"借景"手法，深切注意纳入远景的山、树等同质的景观，可以说比作为单纯的 N 空间有着更积极的选择。如果在借景中出现了工厂或电视塔等其他秩序系列，那么，对这个空间来说就是受到了致命的打击。

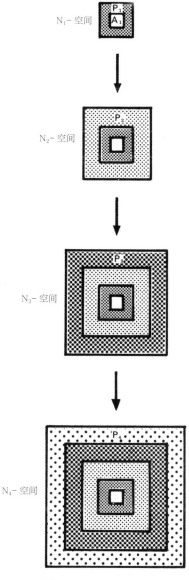

N₁-空间

N₂-空间

N₃-空间

N₄-空间

图1-18

假定某人居于饭店一室，对此人来说，这一饭店的房间是"内部"，按空间论来说就是 P 空间，走廊和其他房间当是"外部"，也可以说是 N 空间。然而，暂时到休息室或餐厅走走的时候，整个饭店就可以考虑成内部化了。这以前还是外部的走廊或其他房间成了"内部"，这家饭店以外的街道对此人来说自然就是"外部"。但是，就是这条街，譬如说位于东京，如果把东京作为一个"内部"来考虑，大阪和札幌等就是"外部"。如果再把整个日本作为日本人的"内部"来考虑，美国及俄罗斯就是"外部"了，若更进一步把我们居住的地球考虑成"内部"，月球就是"外部"。再如把宇宙飞船到达的月球也当成"内部"，则其他宇宙系就是"外部"……这样在逐步意识外部的基础上，就可以来考虑内部化了。在进行实际建筑及外部空间设计时，在什么地方设置"内部"与"外部"的分界线呢？这是极为重要的事情。

室内设计、建筑规划、造园、外部空间规划、城市设计、城市规划……在各个范围内所设定的内外区域的规模逐步扩大，内外区域的意识若是淡薄，在设计时，内部与外部的秩序就会引起混乱。

　　几乎没有渗透性的砖石结构，即使一幢建筑孤立于自然之中也能成为景观。相对地，钢架玻璃建筑或日本的木结构建筑等同于渗透性的建筑。在房屋外侧没有围墙就不能轻易成为景观。二者加以比较是很有意思的。

　　墙体坚实而空间没有渗透性的西欧教堂建筑，就像进入它内部的人能完成宗教仪式一样，是自己完成式的。例如，像夏鲁特尔教堂那样，在那种广阔的自然之中，尽管是孤零零地，也能存在；而像鲁阿恩教堂那样，周围由建筑群的墙壁包围着，也能存在。日本的神社建筑如果也像西欧教堂那样，没有森林、围墙，只是单独赤裸裸地布置，效果的确会

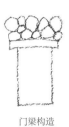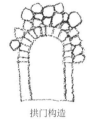

门梁构造　　　　拱门构造　　　　　　　主体框架构造

图1-19

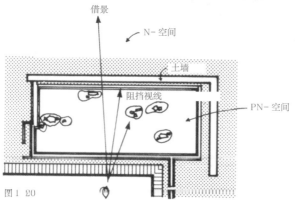

图 1 · 30

收拾东西时，搁架及箱子之类的容器是必需的。建筑及造园手法也一样，在建立空间秩序时，经常有以边框的形式形成封闭空间的实例。 这段包围龙安寺石庭的筑土围墙，仅从意趣方面来说的确是很巧妙的。瓦的色彩与质地与周围环境相协调。尽管是人工材料，也没有失调之感。而且，这段围墙充分完成了限定空间的外框的功能。还有，即使是神社的牌坊，在限定空间方面，大概也不会再有如此美妙的造型了。日本的传统是很了不起的。

很差。无论如何院子①这个框架也是必要的，院子有简单地用树木围成的，也有用远远高于视线的陡峭石踏步引导的，因为看不到上面的空间，所以可以带来一种庄严的期待感。牌坊②是由最简朴的线条构成，由于它的存在，可以赋予空间某种意义，通过牌坊这一框架，无论从心理上还是实体上，都意味着进入了里面的领域。用地较大时，首先进入第一道牌坊，然后，不知不觉转个直角，就可以看到第二道牌坊。通过它以后，更加形成进入内部领域的状态。然后，好不容易才来到被栅栏包围着的神殿前，就在这里参拜。

日本的木结构住宅，不是直接与道路相接，而多建有围墙，所以，庭院从道路上是看不到的，属于家的内部秩序。美国常见的独立式郊区住宅，房屋修建在绿色草坪及花坛围成的环境中，庭院同道路的外部秩序浑然一体，或勿宁说它成了行人的观赏对象。作为整个街道来说是美的。有时，甚至从室内反而不能很好地看到庭院。如果考虑日本住宅的领域性，则庭院属于内部秩序，所以内外的界线处于围墙的位置。上述的美国住宅，因庭院属于外部秩序，所以内外的界线在房屋与庭院的衔接处。而意大利等的砌筑住宅，没有所谓的庭院，建筑直接靠着道路修建，所以内外的界线是明显地处于厚重的石墙位置。

当建筑只有一幢时，建筑就成为雕塑式的、纪念碑式的。建筑达到两幢时，二者之间就开始有封闭的干扰力量起作用。由于建筑从一幢成为两幢，从两幢成为群体，或是由于平面布置上有复杂的凹凸，那么建筑外部存在的空间就容易成为积极空间。可以说，密斯·凡·德·罗设计的席古莱姆大厦体现了金属与玻璃建筑的美；勒·柯布西耶设计的朗香教堂体现了混凝土建筑的艺术美。但是，两者在群体构成方面规模都不大，功能也是单一的，所以它们的形态也是唯一的、雕塑式的、凸空间的，可以解释为纪念碑式的造型。

---

① 原文为"境内"，指神社、寺院等的院子。
② 原文为"鸟居"，指日本神社前的门架形牌坊。

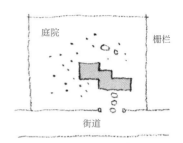

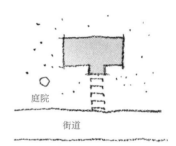

若干年前，曾在悉尼的名为罗兹贝的海滨美丽住宅区住过。这一带平房或二层的独立式住宅很多。在道路与房屋入口之间有所谓的前庭。在经过仔细加工的草坪当中，盛开着五彩缤纷的花朵，在路上的行人看来十分悦目。这个前庭与其说它是家的内部秩序，还不如说它属于道路那样的外部秩序更为恰当。最有力的证明是，从家里不能很好地看到，而从道路上则可以很好地看到，为这一带的环境美化做出了贡献。

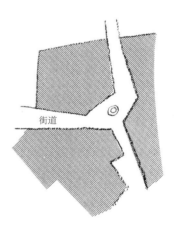

像日本的木结构住宅那样由围墙围起来修建，其庭院则属于家的内部秩序。即使是同样称为庭院的空间，在领域性上也是大有区别的。希腊、意大利、西班牙的这种石砌建筑，因直接临道路修建，所以完全没有前庭那样的形式。而且，在干燥地带因草皮花木培育困难，所以在不修房子的地方就做成石材铺装。这样，道路与用地的关系，产生出景观不同的街道。于是在各个国家构成特有的城市。在其背后，受到包括就地取材在内的所谓风土因素的强烈支配。

图 1-21

马特腊是意大利普利亚地区的一个小城镇，因有洞窟住宅而闻名。这一带的石砌建筑也好，在石头上雕出来的洞窟建筑也好，内墙全都是石头构成的，进到房子里面看，一点区别也没有，这是很有趣的。在马特腊，进入岩壁上的木门，呈现出凿通的醒目的美丽教堂。西欧的教堂建筑，就像人们进入内部完成宗教仪式一样，是自己完成式的，即使是面向外部的一扇门也能成立。夏鲁特尔教堂为法国歌德式著名建筑，从远远延伸过来的一条笔直道路的地平线上呼啦一下子显现出来，好像光是这一幢建筑赤裸裸地存在似的。

各个城市及街道上的教会的存在，是凸空间式的，是自己完成式的，光是该建筑也能在自然当中存在。日本的神社建筑，因为不进入神殿当中，而是在神殿前进行参拜的形式。所以在神殿外围必须有框架那样的东西，由于框架，"境内"（院子）这一空间即成立。用图表示这一关系即下页两幅示意图。

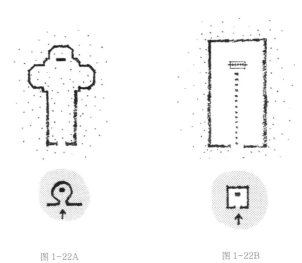

图 1-22A   图 1-22B

　　这里打算来探讨一下建筑的所谓纪念性（Monumentality）。人类最初想到的所谓纪念性，就是比其他形象更鲜明地孤立的东西，是由方尖碑或纪念塔那样垂直的因素和包围它的空间所形成的。而它的形象与该形象逆空间的 N 空间之间没有渗透作用，二者的形象共同取得均衡而实现时，其纪念性越发成为唯一式的，质量也就越高。有时，扰乱逆空间的其他形象在其附近出现时，二者的均衡即遭到破坏，纪念性也就大为削弱。

　　还有一种纪念性是在群体造型中加以考虑。例如，当具有图 1-24B 那样的 A、B 两个形象时，A、B 之间封闭的力量在起作用，二者之间产生出既不能算是 P 空间，又不能算是 N 空间的空间，在其周围则存在着 PN 空间，这样，一个复合空间就出现了。

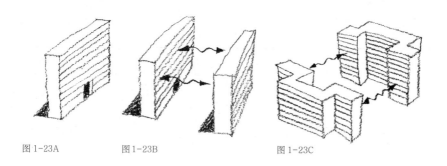

图 1-23A　　　　　　图 1-23B　　　　　　　　　图 1-23C

图 1-23A　若建筑只建一幢时，必定是雕刻式的、纪念碑式的。

图 1-23B　建筑从一幢成为两幢，两幢建筑之间，互相干涉的力量开始起作用，形成了有几分封闭的空间。

图 1-23C　即使是两幢建筑，只要是外墙面凹凸复杂，那么建筑物之间创造的空间就富于变化和功能，容易成为 P（积极）空间。而且，由外墙构成的阴角空间，就是在外部空间中也是封闭性较高的，可以形成有趣的角落。

左图为耸立在巴黎潘多姆广场中央的方尖碑，在周围环境的衬托下醒目地孤立着。由于其垂直因素，它是唯一式的，也可以说是原初纪念性的。

右图为富兰克林·罗斯福纪念碑设计竞赛一等奖中选方案，是采用富于变化的美丽墙面群体构成。与方尖碑不同，也可称为复合纪念性的。

N- 空间

图 1-24A

在方尖碑那样简洁明快的造型中，若形象 A 与其逆空间 B 之间优美地保持协调，即可提高原初纪念性。由于某种情况，逆空间 B 被其他形象干扰而遭到破坏时，纪念性就大大削弱，在方尖碑式空间中，环境保持一定且将来也不受干扰，这一点是十分重要的。

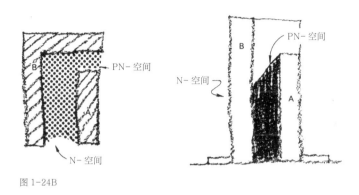

图 1-24B

即使在同样的直线造型中，由于墙壁转折而且高低错落，墙与墙之间可以形成 PN 空间。这样就可形成由形象 A、B 周围的 N 空间与 PN 空间组成的复合纪念性。或称为（N+PN）式纪念性。

把前述的纪念性同这种复合空间的纪念性加以比较，作为纪念性来说哪一种质量较高是很难断言的。可以说前者的属性是朴素、简明、不渗透、非人性化的……后者的属性则是复杂、有明暗变化、渗透性、人性化的……前者可称为原初的纪念性或 N 式的纪念性，后者可称为复合的纪念性或（N+PN）式的纪念性。两位大师的作品席古莱姆大厦和朗香教堂，从这一意义来考虑则属于前者，它们的确是强烈地表现两位大师个性的纪念碑。然而，今后大师的出现是不大容易了，同时，属于后者的群体构成建筑也还没出现吧。

如前一节所述，所谓外部空间毕竟是建筑式的空间构成，是把有屋顶的本来的建筑部分和没有屋顶的空间整体加以处理，创造出 P 空间或 PN 空间。因此，有必要事先对尺度、质感、空间的布置、空间的层次等进行研究。关于这些方面，作者打算根据自己的实际经验加以阐述。

第二章 外部空间的要素

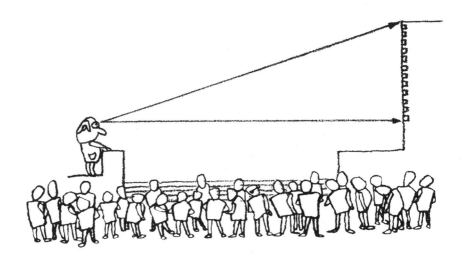

1. 尺度

一般认为，人眼以大约 60° 顶角的圆锥形为视野范围，熟视时成为 1° 的圆锥。关于建筑的视觉，追溯历史，有 19 世纪德国建筑师麦尔登斯（H.Martens）的见解，这一点在布鲁曼菲尔特（H.Blumenfeld）的《城市规划中的尺度》中有详细的阐明。按其所述，人在看前方时，如果按 2 ∶ 1 的比例看上部，即成为 40° 仰角。如果考虑在建筑上部看到天空，那么建筑物与视点的距离（D）与建筑高度（H）之比 $D/H=2$，仰角 $=27°$ 时，则可以整体地看到建筑。根据沃纳·海吉曼（Werner Hegemanr）与埃尔伯特·匹兹（Elbert Peets）的《美国维特鲁威城市规划建筑师手册》，如果相距不到建筑高度（H）2 倍的距离（D），就不能看到建筑整体。亦即 $\tan\theta_1=1/2$，仰角 $\theta_1 \approx 27°$。若从看单幢建筑进而为看一群建筑时，一般认为距离约为 $D=3H$，亦即 $\tan\theta_2=1/3$，仰角 $\theta_2 \approx 18°$。这些数字也曾在保罗·兹卡（Paul Zucker）的《城市与广场》中出现，但它完全是静止式的、中世纪式的，在今天这样充满变化的飞跃时代的设计中也不是不能应用。不过，重要的是，在进行外部空间设计时，$D/H=1$、2、3……这些数字到底使用哪一个呢？根据其剖面图加以研究，是可以简单地了解该空间大体的特性的。以上这些问题必然有赖于建筑师的创造，这是不言而喻的。

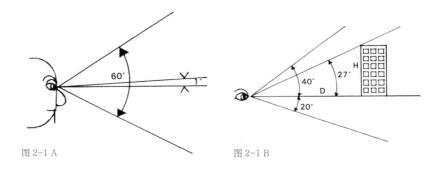

图 2-1 A

图 2-1 B

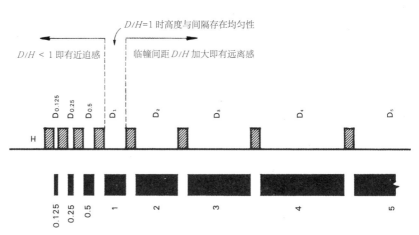

图 2-2

邻幢间距与建筑高度之比 D/H 在决定日照条件上是非常重要的，而在确定幢与幢之间的空间构成上也十分重要。当 $D/H=1$ 时，高度与间距之间有某种匀称性存在，可以设想它是 D/H 比 1 大或比 1 小的空间构成上的转折点。$D/H=1.5\sim2$ 在实际当中是使用最多的数字。D/H 逐渐小于 1 时，与其说它是邻幢间距，不如说是残余空间。

这里，准备再稍稍探讨一下关于建筑高度（H）与邻幢间距（D）的关系。如前一章所述，当建筑只有孤立的一幢时，是雕刻式的、纪念碑式的，在其周围存在着扩散性的 N 空间。当那里再出现一幢建筑，二者之间就开始产生封闭性的相互干涉作用。根据笔者自己的观察，以 $D/H=1$ 为界线，在 $D/H<1$ 的空间和 $D/H>1$ 的空间中，它是空间质的转折点。

换句话说，随着 D/H 比 1 增大，即成远离之感，随着 D/H 比 1 减小，则成近迫之感。$D/H=1$ 时，建筑高度与间距之间有某种匀称性存在。在实际建筑总平面规划中，$D/H=1$、2、3……为最广泛应用的数值，当 $D/H>4$ 时，相互间的影响已经变得很小了，成了走廊那样的连接体所希望的二者之间的距离。另一方面，当 $D/H<1$ 时，两幢建筑开始相互干涉，再靠近就会产生一种封闭恐怖的现象。当 $D/H<1$ 时，其对面建筑的形状、墙面材质、门窗大小及位置、太阳入射角等都成为应关心的问题。换句话说，当 $D/H<1$ 时，前述逆空间的匀称性和稳定性，就成为总平面规划上必要的事情了。

这些尺寸不光是在建筑上，在人与人之间的关系上也可以应用。当两个人非常接近时，人的脸部高度（$H=24\sim30$ 厘米）与脸和脸之间的距离之间达到 $D/H<1$，即成为干涉作用很强而极为亲密的关系。达到 $D/H\geqslant1$ 为普通关系，$D/H=2$、3……，即 60 厘米、90 厘米……时，是只能意识到脸部的恰当距离。当 $D/H=4$，即相距 1.2 米时，只作为脸的距离是过远了，不如说成了对面相坐时的距离。这里，假设坐高（H'）约为 1.2 米，则再次产生了 $=D'/H'=1$ 的均衡关系。在室外对面站立时，为了简单化，假定身高（H''）为 1.8 米，则间距 1.8 米时，$D''/H''=1$，$D''=3.6$ 米时，$D''/H''=2$，而当 $D''=7.2$ 米、$D''/H''=4$ 时，距离就已经过远了，不再是仅两个人面对面的距离了。以上是把建筑高度与邻幢间距的关系类推运用到人身上。

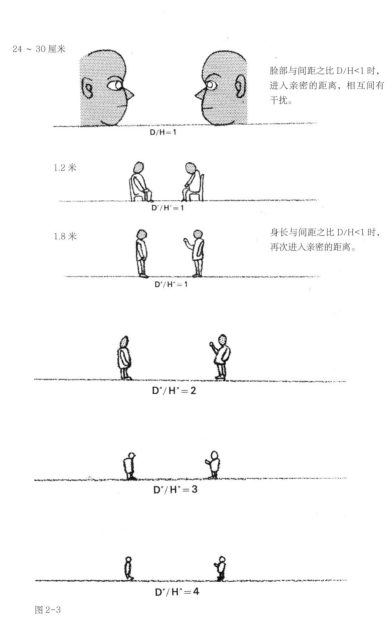

24～30厘米

脸部与间距之比 D/H<1 时，进入亲密的距离，相互间有干扰。

D/H＝1

1.2 米

D'/H'＝1

1.8 米

身长与间距之比 D/H<1 时，再次进入亲密的距离。

D"/H"＝1

D"/H"＝2

D"/H"＝3

D"/H"＝4

图 2-3

这里再回过头来谈外部空间的尺度吧。卡米洛·西特（Camillo Sitte）做了有关广场大小的阐述，按照他的说法，广场宽度的极小尺寸等于主要建筑物的高度，最大尺寸不超过其高度的 2 倍。用前面所述的公式表示则为 $1 \leqslant D/H \leqslant 2$。当 $D/H <1$ 时，从广场来说，成了建筑与建筑相互干涉过强的空间。 D/H=2 时，则过于分离。作为广场的封闭性就不容易起作用了。D/H 在 1 与 2 之间时空间平衡，是最紧凑的尺寸。这些同作者的见解恰好大体一致，这是很有意思的。

当设计外部空间时，它的尺度同室内设计是有一些差别的，这一点应当注意。因此，基于作者自己的经验，试提出外部空间的第一假说。

外部空间可以采用内部空间尺寸 8 ~ 10 倍的尺度，称之为"十分之一理论"（One-tenth theory）。

如像爱德华·霍尔（Edward Hall ）在《沉默的语言》中所指出的那样，空间是有领域性的，但人们都不提它。例如在日本，不是把房间按餐厅、起居室、卧室等功能来称呼它，而是按空间大小来分类。日式建筑四张半榻榻米①的空间对两个人来说，是小巧、宁静、亲密的空间。就像日本有所谓"四张半榻榻米文学"这个名词一样，男女二人在四张半榻榻米中生活，对日本人来说，恐怕就是给予罗曼蒂克印象的沉默语言吧。如果在外部也要谋求这样的亲密空间，适用上面所述的第一假说，将尺寸加大至 8 ~ 10 倍，即得每边为 2.7×（8 ~ 10）=21.6 ~ 27 米的外部空间。这是正好包含着可以互相看清脸部距离（21.34 ~ 24.38 米）的广度，所以在这个空间里的人谁都可以看清楚，这样就可以创造出舒适亲密的外部空间。

---

① 原文为畳（たたみ），是日式房间铺在地板上的带席面的草垫，也是日式房间的计量单位。每张长约 2 米、宽约 1 米。四张半榻榻米的面积约为 7.29 平方米。

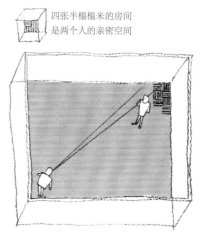

四张半榻榻米的房间
是两个人的亲密空间

图 2-4

根据作者自己的经验，如果在室外谋求四张半榻榻米那样的亲密空间，适用第一假说，即得每边 21.6 ~ 27 米的外部空间。

图 2-5A 四张半榻榻米的房间

图 2-5B 一百张榻榻米的房间

八十张榻榻米的房间（7.2×18 米）或一百张榻榻米的房间（9×18 米）是日本宴会大厅的通俗称呼。 这一广度的空间是按照人们相互联欢，并作为一致的内部空间限度和传统性来考虑的。把这一尺寸加大至 8 倍折算成外部空间则为：

80 张榻榻米的房间   57.6 米 ×144 米

100 张榻榻米的房间 72 米 ×144 米

按 10 倍折算则为：

80 张榻榻米的房间   72 米 ×180 米

100 张榻榻米的房间 90 米 ×180 米

这些就成为统一的大型外部空间，它与西特所说的欧洲大型广场的平均尺寸 57.5 米 ×140.9 米大体上是相称的。

这个十分之一理论，实际上也不是很周密适用的。只要把内部空间与外部空间之间有这样一个关系放在心上，作为外部空间设计的参考就行了。所以要把 10 倍缩小成 5 倍也行，想加大到 15 倍也行。根据作者自己的经验，则认为 8 ～ 10 倍大体上比较妥当。当然，像踏步那样作为人的行走功能十分明显的部分，踢面与踏面的关系就不能成为 10 倍了。不过，室外踏步要用同内部楼梯同样的尺寸去设计，就会因过于陡斜狭窄而造成失败，这是实际搞设计的人都知道的。

当创造空间时，不管是内部空间还是外部空间，总希望有个作为依据的尺寸系列，对实际搞设计的人来说，这恐怕是很自然的事吧。特别是当设计外部空间时，因为尺寸往往是漠然的， 所以预先掌握尺寸系列是很有益处的。因此，试提出外部空间设计的第二假说。

　　外部空间可采用一行程为20～25米的模数，称之为"外部模数理论"（Exterior modular theory）。

　　关于外部空间，实际走走看就很清楚，每20～25米，或是有重复的节奏感，或是材质有变化，或是地面高差有变化。那么，即使在大空间里也可以打破其单调感，有时会令其一下子生动起来。这个模数太小

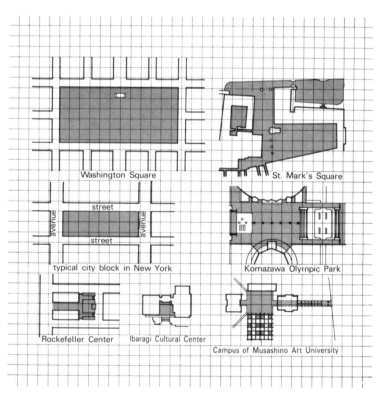

图2-6 24.38米模数坐标网

了不行,太大了也不行。一般看来,可以识别人脸的距离21.34～24.38米,刚好与这个20～25米吻合。以作者自己的经验来说,也是适用的尺寸。

在一边就有200～300米那样的市中心大厦上,若单调的墙面延续很长,街道就容易变得非人性化。可每隔20~25米布置一个退后的小庭园,或是改变成橱窗状态,或是从墙面上做出凸出物,用各种办法为外部空间带来节奏感。在同我们有关的实例中,有驹泽的奥林匹克公园。这个中央广场约为100米×200米,是个相当大的外部空间。在其中轴线上每隔21.6米配置有花坛和灯具,这一处理同样延续到水池当中。采用这样的模数制布置,正是使外部空间接近人的尺度的一种尝试。进行外部空间设计时,如果把这一个20～25米的坐标网格重合在图面上,就可以估计出空间的大体广度。

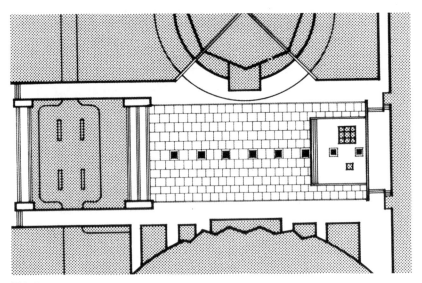

图 2-7

驹泽奥林匹克公园的中央广场约100米×200米,重复使用了都电(东京都营电车)的花岗岩铺石,立体交叉贯穿道路,若站在从那里上到广场的宽100米的踏步下面,地平线就轮廓分明地展现出来。这是在东京市内的确是个清爽的地方。

驹泽奥林匹克公园

2. 质感

　　在外部空间设计中，距离与质感是极其重要的设计重点，预先了解从什么距离可以看清材料，才能选择适于各个不同距离的材质，这在提高外部空间的质量上是有利的。

　　让我们以联合国大厦的山墙为例来看一下吧。作为墙面的表现大体可分为两类：一类是表里为同样材质，如现浇混凝土土墙体、砖石类砌筑墙体等；另一类是作为装修而以某种材料饰面，如采用分格而饰以预制混凝土板、大理石板、金属板等。联合国大厦高度约为 130 米，如以 $D/H=2$、仰角 27° 看到建筑整体，那就等于要从 260 米以外来看。在这幢大厦两侧的山墙上，美丽的大理石板是按所谓勒·柯布西耶式分格装置的，可是若离开那个距离来看，大理石效果就减弱了，只能看到一大片不太强烈的墙面，无论如何也难以留下大理石装修的印象。换句话说，是内外同样材质的表现，还是强调分格而饰以某种装修材料的表现，并没有留下清晰的印象，设计师都很了解，在正立面图上，因为窗子、檐口都是缩小在不大的墙面上让人看到的，美丽的饰面分格是体现在图面上的。可是，为了使图面上的饰面分格在实际墙面上也让人看到，这就需要恰当地推敲，不然会变成平坦的、不太强烈的墙面的。勒·柯布西耶的饰面分格在图面上风靡世界。可是，若只抓住图面的美，而不去注意距离与质感的关系，即便特意使用优质材料，也会因为达不到效果而让人失望，这是常有的事。

图 2-8

纽约的道路划分，每块地段约 60.96 ~ 182.88 米（200×600 英尺），街道宽度约 18.28 米（60 英尺），主干道宽度约 30.48 米（100 英尺），所以与某个地段之间的距离是很容易计算的。因此，对于市容的研究也就是对相应的街道的研究，根据这个道理就是说也要在联合国大厦侧面来来回回走走看一下的。

建筑作品既有看图面比看实际作品漂亮的，也有图面不如实际作品
那么动人的。后者之所以如是，想来必定是娴熟地掌握了各种手法。这
就是所谓经验，对担负着实际设计任务的建筑师来说，恐怕是饶有兴趣
的问题吧。

那么，让我们来具体地探讨一下外部空间的距离与质感的关系吧。

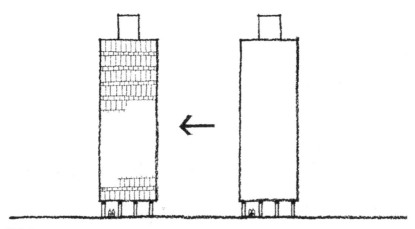

图 2-9

有从图纸上看是生动的立面但实际建筑并非如此的，也有看实际建筑反而比图面漂亮的。在单调的立
面图上画上柯布西耶式的饰面分格，可以看到图面一下子精神起来，可是要想在实际建筑上也产生这
一效果，就需要仔细推敲。

第二次世界大战之后，曾经流行过现浇混凝土。在现浇混凝土建筑
上不贴面砖或用涂料进行遮掩。不知为什么这种结构表现会得到承认，

即使在一般居民不大欢迎的场合，仍受到一部分时髦建筑师的大力支持。然而，从二战后二十多年的经验来说，已经很清楚，这种做法在视觉上存在若干问题。一是经过数年后，就失去了竣工时那种混凝土的朴素美，往往变成呆板的灰色面。而且，超过一定距离，就看不到由模板带来的质感了。因此，可以说世界性地开始了为现浇混凝土赋予了更为丰富的质感。就像下页一连串的图片上所看到的，以直径约 3 厘米的连接模板的锥体的圆痕为中心，从距墙面 60 厘米处开始观察。在大约 2.4 米处，模板的圆痕清晰可见，有效果。再远一些，超过相当于前述一行程的 20 ～ 25 米，现浇混凝土那种质感的妙处就逐渐看不到了。当然，这要受到模板觉度、凸榫深度、模板材质、降雨条件、日照条件等的影响。当距离在 30 米以外时，质感就完全看不到了。距离 60 米以上时，与其说质感成问题勿宁说作为面的存在开始成问题了。

在下面的一连串图片上，再稍微进行不同的观察。首先从 60 厘米处开始。在 2.4 米、3 米处，现浇混凝土的模板痕迹清晰可见。在这个实例中，按不规则的间隔留有 3 厘米深的纵向沟槽。从 3.6 米处的图片开始，这个沟槽清楚地出现了。如前所述，在 20 ～ 25 米以外，现浇混凝土的质感就消失了，重复运用的纵向沟槽在整个墙面构成上，开始带来视觉效果，在 48 ～ 60 米处，这些按不规则间隔设置的槽沟特别有效地在起作用。距离 120 米以外时，以槽沟构成的质感也失效了，作为面的存在开始加强。

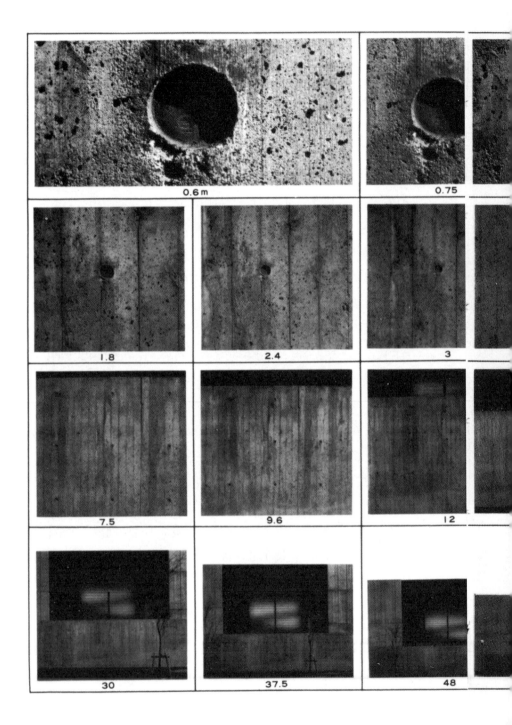

0.6 m   0.75

1.8   2.4   3

7.5   9.6   12

30   37.5   48

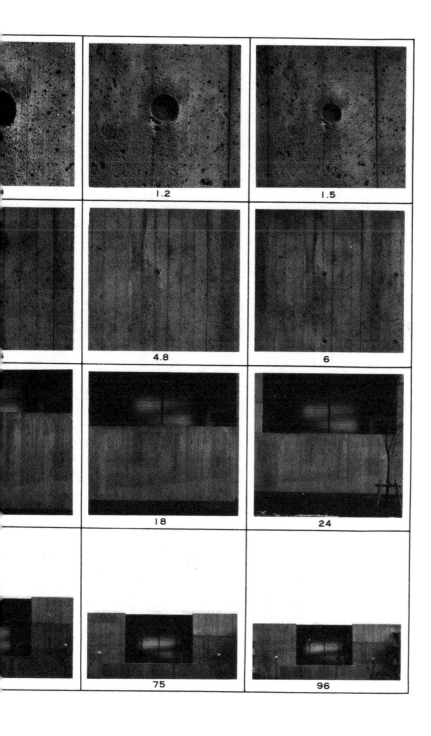

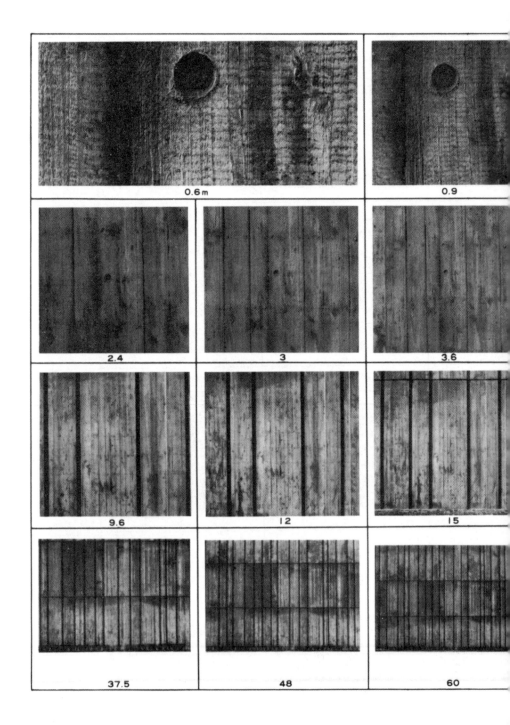

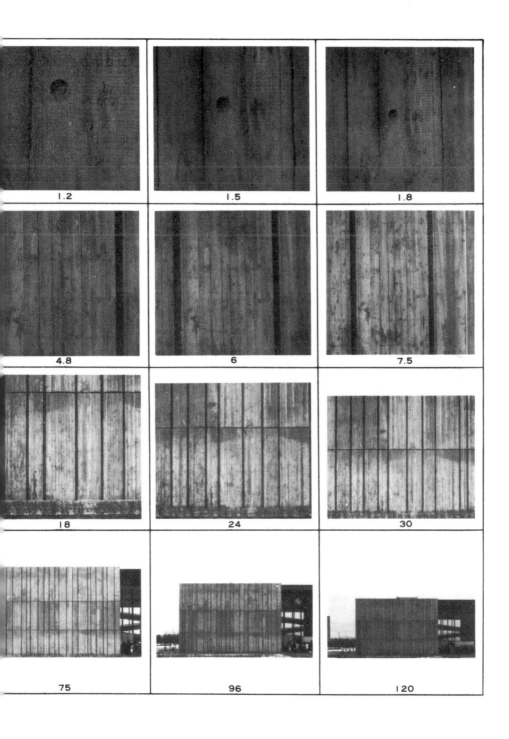

　　这里把作者在实际建筑上应用的例子，用图片来表示一下吧。在茨城县文化中心，现浇混凝土表面上留有40毫米深的纵向槽沟，构成条纹纹样的墙面。与横向分格的相交部分，是把凸起的条纹做成抹斜状的稍有几分精致的形式，沿横向分格处可看到锯齿形的阴影，作为整体构成了相当丰富的质感。无论从哪个位置来看，普通现浇混凝土梁与带槽沟墙面质感的对比都是十分鲜明的。其次研究的是现浇混凝土表面做成马尾形斜槽沟的情况，由于日照的影响，有时一个方向的斜沟阴影很强，富有明暗效果，又由于纵沟给人来人工的印象。斜线纹样在一个单位上重复使用，该单位就构成重复的质感，这当然是不必说了。

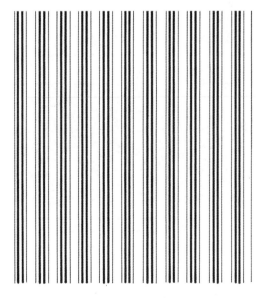

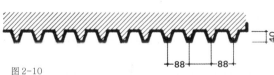

茨城县文化中心现浇混凝土墙面细部。为了便于混凝土脱模及表面光洁而确定出凹凸断面的尺寸，效果很好。

图2-10

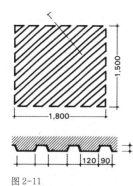

岩波书店营业部现浇混凝土山墙的细部。上下左右斜线均按反向交错布置，因此在阳光照射下，强调了墙面的阴影。沟槽深的那部分混凝土，是在结构所需的墙厚上额外附加的。

图 2-11

　　这种重复质感的想法也有用在地面上的，驹泽奥林匹克公园中央广场就曾进行过这样的尝试。在该实例中，考虑人走在上面时产生的质感，沿对角线方向并列铺石；考虑看建筑整体时产生的质感，以7.2米×7.2米的正方形铺石交错分格排列，这时铺石的质感也就看不到了。由于这一重复质感，而为这个广场带来了充实感。

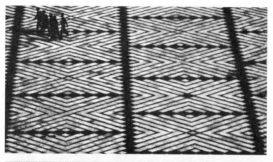

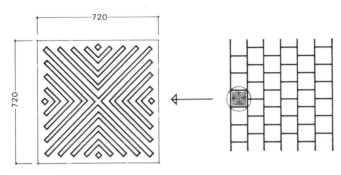

图 2-12

驹泽奥林匹克公园中央广场的石铺装平面图，花岗岩铺石沿对角线方向嵌砌的地面考虑人行走时产生的质感，以 7.2 米 ×7.2 米的方形铺石为单位交错分隔布置是重复质感。表示想法程序的示意图，没有像航空照片那样很好地看到重复质感，是很遗憾的。

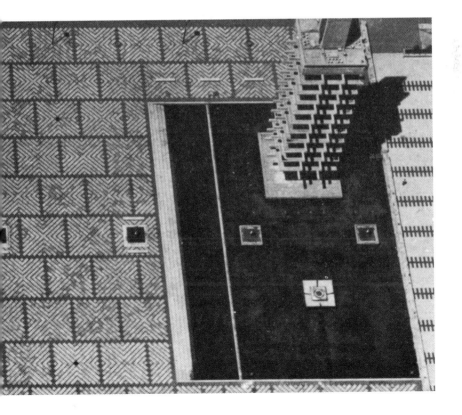

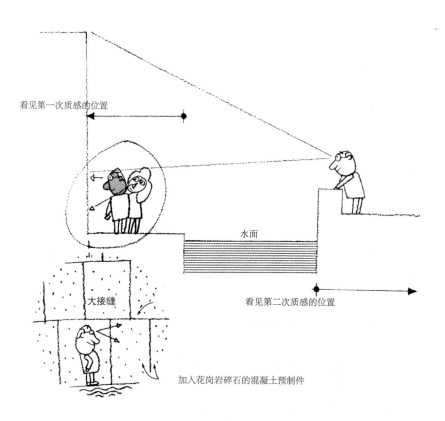

看见第一次质感的位置

水面

看见第二次质感的位置

大接缝

加入花岗岩碎石的混凝土预制件

图 2-13

表示墙面的第一次质感和第二次质感的关系，在参观悉尼歌剧院施工现场时想到了这个问题。联想到
恰好它的底层下面部位饰以掺碎石的预制板，但其分格较小，稍远一点看，墙面的质感印象即不清晰了。
因这幢建筑竣工后尚未看过，说不定印象已经不同了，可是，这种重复质感的手法乃是事实。

　　把这种重复质感的方法，进一步有意识地应用在外部空间设计上，无论如何总是可以的吧。例如，假定有饰以掺花岗岩碎石预制混凝土板的外墙，人靠近这个外墙，能充分地观赏它材料质感的范围可考虑为第一次质感。然后，当处于看不到碎石的距离时，考虑由预制板接缝的分格构成第二次质感。第一次质感与第二次质感是分别按适宜视距有意识地进行布置的。如果要更加明显地表现第一次与第二次的顺序，那就是在视觉上故意处理成不连续的。例如，其间布置水面或灌木丛，使人不能通行，就可以提高上述效果。其他方面，这一手法的应用也是可以的。

第三章 外部空间的设计手法

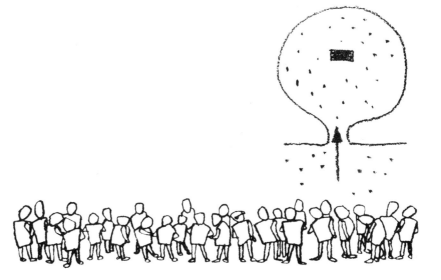

.

1. 外部空间的布局

当开始进行外部空间设计时，有些什么手法呢？

如第一章所述，若把外部空间考虑为"没有屋顶的建筑"，那么相当于建筑设计最基本的"平面布局"，当然就是外部空间设计的重点了。无论怎么说，平面布局就是对该空间所要求的用途进行分析，并确定相应的领域。

那么，领域如何确定呢？外部空间如果将领域大致分类，则可分为只限于人的领域和除人之外也包括交通工具的领域。在禁止汽车驶入的地方，与其树立标志，不如设置哪怕是一两步台阶，或是布置小的水流及矮墙之类的景观装置。采取这样的处理，就提供了如下可能：即在梯级、小水面或矮墙内侧，在视觉上是连续的空间，同时又划定了仅供人活动的领域。创造可供人们横冲直撞，能像分子运动那样自由阔步的领域，可以说这就是外部空间平面布局的开始。

在只为人服务的这一空间里，人们是要进行种种活动的。如果把它们大致分类，则可分为运动空间和停滞空间，这里姑且称之为 M 空间 (S_M) 和 S 空间（S_S）。

S_M（运动空间）可用于：

（1）向某个目的前进；

（2）散步；

（3）进行游戏或比赛；

（4）列队行进或进行其他集体活动；

（5）其他……

S_S（停滞空间）可用于：

（1）静坐、眺望景色、读书看报、等人、交谈、恋爱；

（2）合唱、讨论、演说、集会、仪式、饮食，野餐……

（3）饮水、盥洗

（4）其他……

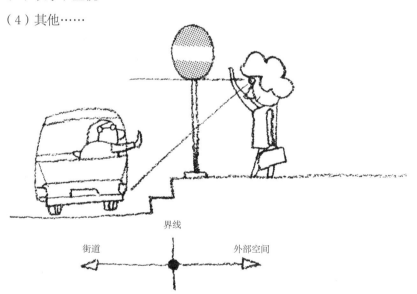

图 3-1

要使汽车领域与行人领域在视觉上有连续感，同时又有分隔，那就采用哪怕一两步台阶，改变室外的标高。这样布置可以创造像客厅的壁龛①那样的领域，同时，改变铺装材料，也可以丰富外部空间。

———————————

① 原文为"床の間"，日式客厅里面靠墙处地板高出，以柱隔开，用以陈设花瓶等装饰品，墙上挂画的一块地方。

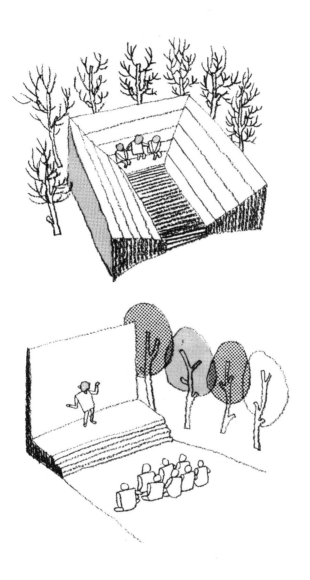

图 3-2

用于在室外进行谈话或歌咏之类活动的空间，希望在周围或背面有一些墙壁，使无论在音响上还是从视觉上都是封闭空间。而且，如果地面有高差，讲话或唱歌就更便于倾听，在空间上方向性及收敛性也就出来了。

像这样分成运动和停滞来考虑空间时，二者既有完全独立的情况，也有浑然一体的情况。不过，S_S 如不从 S_M 分离开进行布置，就不能创造真正安静的外部空间。

S_S 中用于前述的静坐、眺望景色等时，应当相应地在空间中设置长椅、绿植、照明灯具、风景点等。S_S 用于合唱、讨论等时，希望或是地面有高差变化，或是背后有墙壁围成的空间。

S_S 中的饮水、盥洗、厕所等处，用途是极明显的，因此在容易找到而又不受妨碍的地方，在室内差不多地进行布置就行了。

相对地，S_M 空间希望平坦、无障碍物、宽阔，而且多是巧妙地过渡到并非 S_S 那样采用细致手法的状况。

外部空间设计要尽可能赋予该空间以明确的用途，根据这一前提来确定空间的大小、铺装的质感、墙壁的造型、地面的高差等，这成为很好的着手途径。

在外部空间布局上带有方向性时，希望在尽端配置有某种吸引力的内容。像图 3-3A 那样一直向前，空间的质量是低劣的，空间由于扩散而难以吸引人。相反地，在末端有目的物或吸引人的内容时，就连途中的空间也容易变得动人。

例如，在纽约洛克菲勒中心的"峡谷花园"（Channel Garden）两侧布置有商店，末端有成为低庭园的溜冰场，因此是吸引人的。日本浅草寺院前的商店街是东京的名胜，在商店街宽约 25 米的道路两旁，并列着一大排商店，在长约 300 米的道路尽端配置有观音堂，因此街道生气勃勃。人们参拜前后漫步在这条街上是很愉快的。再有，米兰商场因为有屋顶，也许不能说它是完全的外部空间，它以通道形式在两端连接了米兰市的两个中心——多奥摩教堂前广场和斯卡拉剧院广场，可以说它表现出超过单纯商场的吸引力。正像这样，只有外部空间有了目标，途中的空间才会产生吸引力，而途中的空间也有了吸引力。目标也就更加突出，它们是可以产生这样的相互作用的。

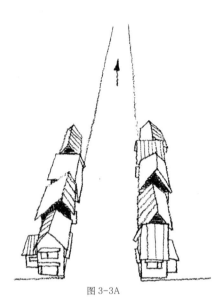

图 3-3A

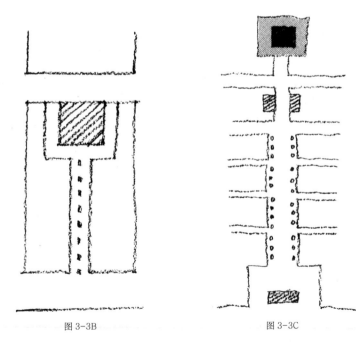

图 3-3B   图 3-3C

A- 在日本地方城市的商店街中，若尽端什么也没有，街道就是扩散性而孤零零的；

B- 洛克菲勒中心的峡谷花园，尽端有个溜冰场，可以溜冰；

C- 浅草寺院前的商店街，即使两旁商店的热闹消失了，但尽端的浅草寺仍为空间的焦点；

D- 米兰商场夹在斯卡拉剧院与多奥摩教堂之间，就像街道上的"沙龙"一样汇集着人流。

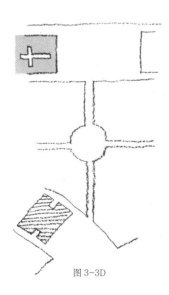

图 3-3D

意大利米兰商场

　　下面来探讨一下把外部空间或者说外部秩序有意识地渗透到建筑内部的设计方法。西欧的基督教教堂或车站中央大厅等就是这样的实例。如图 3-4 所示，从空间领域这一点来说，乍一看也是按内部考虑的空间，平时向公众开放时，就可以看成是把外部秩序向内部渗透的情况。

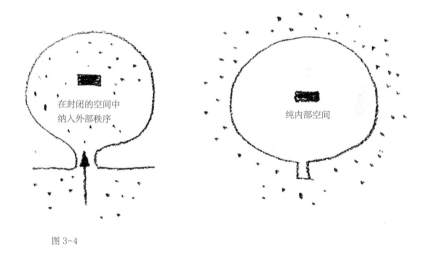

在封闭的空间中
纳入外部秩序

纯内部空间

图 3-4

空间由墙壁封闭，即使乍一看好像是内部空间的空间，如果同外部在空间上有联系，则内部空间也可为外部秩序所支配，与完全封闭的内部空间本质不同。就好像琵琶湖，虽然是湖，乍一看却像是海；濑户内海虽然是海，乍一看却像是湖。

举个实例，如银座的索尼（SONY）大厦，为了把道路这一外部秩序渗透到室内，求得内外空间连续一体化，便把地板以90厘米高差按照花瓣形状进行布置，乘电梯一下子登上高层的人们，再从这个连续的地板上像漫步一样地走下来。也就是说，这一连续地板面是道路的延续，是考虑成有屋顶的立体散步空间而设计的。因而这个有90厘米高差的台阶式构成，在立面上也是试着清晰地表现的。1967年蒙特利尔世界博览会的日本馆，采用同样手法实现了有1.2米高差的台阶式构成。

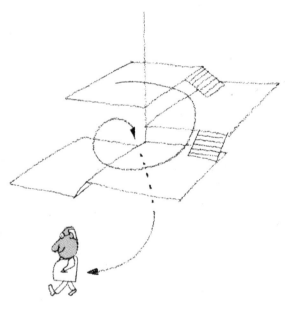

图 3-5A

图 3-5A   索尼陈列大厦的台阶构成，是90厘米高差的地板面以轴为中心按花瓣状布置，转一圈为0.9×4=3.6米，与层高3.6米相等。因此，每4台即可与楼梯或电梯连接。这样的台阶构成若在正立面上也加以积极的表现，即如下页图片那样，柱子与相接墙梁的侧影成为交错状。如在卜页上图中所看到的那样，下5个踏步即到下面一台，因此在不知不觉中就可通过全部平台。

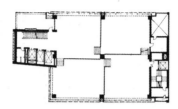

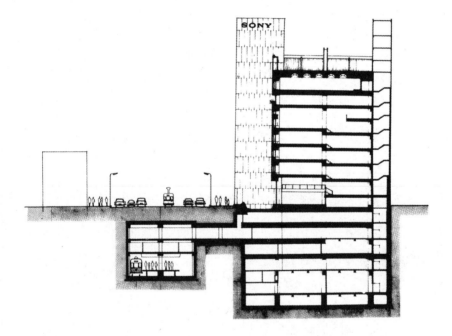

图 3-5B

索尼陈列大厦的平面图与剖面图 索尼大厦的内部空间是纳入了作为道路延长的外部秩序而形成,可以当成是立体的散步道。

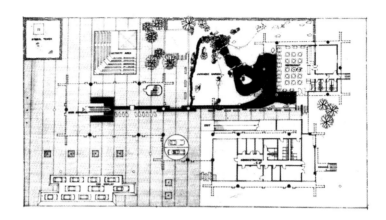

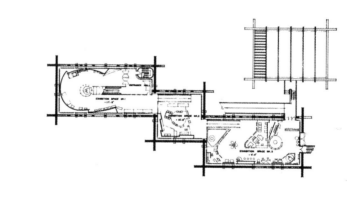

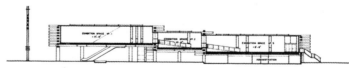

图 3-6

1967 年蒙特利尔博览会日本馆　该馆试行进行这样的规划，乘自动扶梯上到以支柱支撑的二层部分的第一室，从那里沿高差 1.2 米的斜道下到第二室，再沿高差 1.2 米的斜道到达第三室，然后可进入属于另一馆的餐厅。也可以一边欣赏日式的庭园，一边再顺着斜道下去结束参观路线。

　　还有一个实例是高松的香川县立图书馆。这里用图来说明想法：在地方城市这一外部秩序中有显露出来的书库，在书库周围，宛如在道路上站立着阅读似的，外部秩序渗入馆内，加强了人与车的联系。换句话说，图书馆的内部秩序与街道的外部秩序之间的界线，不是在建筑的入口处，而是感觉在混凝土造的书库处。为此，将楼地面错半层处理，减少每层的高差，希望尽量为空间带来连续感。作为道路与建筑之间的联系体，则是采用带水面的小广场。以上是使外部秩序渗透到内部，为空间带来连续性整体感的小型试验。

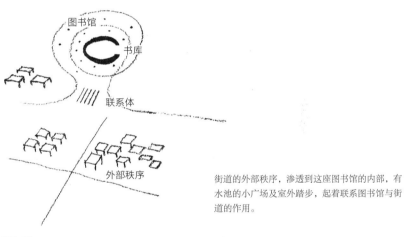

街道的外部秩序，渗透到这座图书馆的内部，有水池的小广场及室外踏步，起着联系图书馆与街道的作用。

图 3-7A

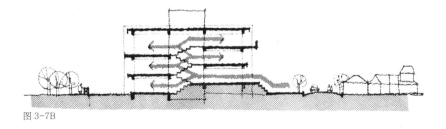

图 3-7B

香川县立图书馆　在设计这座图书馆时，考虑为了尽可能把市民与图书馆紧密联系起来，设法把外部秩序纳入馆内，像索尼陈列大厦以及 1967 年蒙特利尔博览会日本馆那样，采用了错半层方式，各层之间靠近，整个图书馆形成连续体。

那么，再来探讨一下在外部空间布局中的空间大小的问题吧。空间大小的确定，是设计的重点之一。

在确定空间大小时，如前所述，要明确它是用于何种目的的空间。是用于单一的目的？还是用于综合目的的？或是用于含糊不清的目的？而前面所述的"十分之一理论"，在确定空间大小上，也可作为参考。从空间的视觉结构来说，虽然过小的空间不行，而没有意义的过大外部空间则更不好。一行程作为 20 ～ 25 米，相当 1、2、3、4、5……行程的尺寸是适用的，相当 8、9、10……行程时，作为一个统一的外部空间，则逐渐是上限尺寸了。但是，在构成外部空间时，可以把几个这样大小的空间连接起来，在空间上安排秩序和顺序。这恰似在室内设计上，由大小和性质不同的房间连接在一起，构成一幢建筑一样。

人作为步行者活动时，一般心情愉快的步行距离为 300 米，超过它时，根据天气情况而希望乘坐交通工具的距离为 500 米，再超过它时，一般可以说就超过建筑式的尺度了。大体上，作为人的领域而得体的规模，可考虑为 500 米见方。总之，能看清人存在的最大距离为 1200 米，不管什么样的空间，只要超过 1600 米时，作为城市景观来说，可以说是过大了。

2. 空间的封闭

当进行外部空间布局时，有一种为各个空间带来一定程度的封闭性、向心性地整顿空间秩序的方法。为此，就应当注意墙的配置及其造型。

一般来说，沿着棋盘式道路修建建筑时，建筑物转角成为以直角突出到道路上的阳角，而且，如图 3-8 所示，即使在创造连一幢建筑都不修建的外部空间时，外部空间的转角也会出现纵向缺口，从空间的封闭性来说效果较差。相对地，在保持转角而创造阴角空间时，即可大大加强空间的封闭性。这一点在欧洲的广场上已经得到证实了。

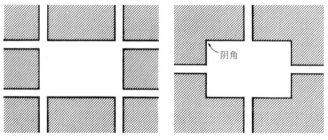

图 3-8

棋盘式街区中的广场，由于四角的道路形成的缺口而削弱了封闭性。欧洲常见的广场，四角封闭而构成阴角空间，封闭性被提高了。

如图 3-9A 所示立有四根圆柱,这四根圆柱之间就发生相互干涉作用,外部空间在这里形成,但另一方面,圆柱没有方向性,同时具有扩散性,没有充分形成封闭空间。其次,如图 3-9B 所示,在四面各立一段墙壁,在这里就发生了相互干涉作用,出现远比 A 有封闭性的空间,可是四个角在空间上欠缺而不严谨。相对地,如 3-9C 图所示,立起四段转折的墙壁,墙的总面积也与 B 相同,空间的封闭性就大大地改善了,空间的严谨与紧凑感也就出来了。

图 3-9

图 A、B、C 表示空间封闭性的三个阶段,像日本那样道路规划先行,建筑规划后搞的情况。如 C 图那种封闭四角的外部空间是难以创造的。因此,在街道中,也可以说是没有真正的阴角空间。

　　如何把这种空间封闭性应用在现代建筑上，对我们建筑师来说恐怕是十分关心的事吧。 因此，想稍稍来研究一下关于墙壁高度的意义。

　　讨论空间封闭性时，应当考虑到墙的高度与人眼睛的高度有密切的关系。30 厘米的高度，作为墙壁只是达到勉强能区别领域的程度，几乎没有封闭性，不过，由于它刚好成为憩坐或搁脚的高度，而给人非正式的印象。在 60 厘米的高度时，基本上与 30 厘米高的情况相同，空间在视觉上有连续性，还没有达到封闭性的程度，刚好是希望凭靠休息的大致尺寸。90 厘米高度，也是大体相同的。当达到 1.2 米的高度时，身体的大部分逐渐看不到了，产生出一种安心感。与此同时，作为划分空间的隔断特性加强起来了，在视觉上仍有充分的连续性。达到 1.5 米的高度时，虽然每个人情况不同，不过除头部之外身体都被遮挡了，产生了相当的封闭性。当达到 1.8 米以上的高度时，人就完全看不到了 ，一下子产生出封闭性。就像这样，所谓封闭性就是由比人高的墙壁隔断了地面的连续性时所产生的。

　　其次来谈一谈关于墙的配置。矮墙主要用于领域与领域之间的划分，在阴角处采用转折墙或独立的直墙，对封闭性没有多大的关系，勿宁说，可以认为在地面有高差处，或沿流水及绿化处作为边框使用是好的。

30 厘米   60 厘米   90 厘米

图 3-10 表示外部空间墙壁高度的重要性

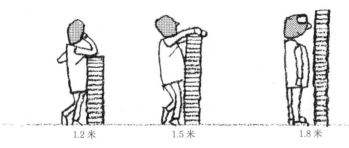

1.2 米   1.5 米   1.8 米

图 3-11 矮墙主要用于空间的划分

茨城文化中美术馆旁边的流水，水从水池呈倾斜方向流下

　　墙壁高于人的高度时，就出现了上述的封闭性，在图3-12那种的情况，墙壁纵向缺口的间隔就重要起来了。就是在这里，建筑高度（H）与邻幢间距（D）的关系式 $D/H \geq$ 或 $D/H \leq 1$ 仍然适用。设墙高为 H，缺口宽度为 D，当 $D/H < 1$ 时，缺口的出入口因素较强，带来了想通过它而进入另一个空间的期待感，$D/H=1$ 时取得平衡。当 $D/H > 1$ 时，与其说是纵向缺口，不如说成是宽阔的开口，空间的封闭性也就减弱了，这是自然的。

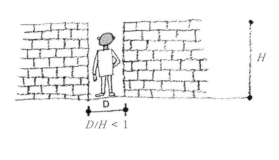

图 3-12

外部空间墙壁的纵向缺口,有时利用它的高宽比也可创造出意想不到的空间构成。如果墙壁位置或是有前有后,或是重叠,就可以创造更加复杂的效果。盼望着进去的那种期待感,也可考虑用这种方法创造出来,如能很好地掌握使用外部空间墙壁的位置、高度、质感等,的确是件乐事。

　　参考这些情况,很好地运用高墙、矮墙、直墙、曲墙、折墙等加以布置可以创造出有变化的外部空间。如前面所述,因为限定外部空间的二要素是地面与墙壁,所以关于外部空间墙壁的重要性是时时不能忘记的。

3. 外部空间的层次

在外部空间构成当中，其空间有单一的、两个的以及多数复合的，不管哪种情况，都可在空间中考虑顺序。

建立这种空间顺序的方法之一，就是根据用途和功能来确定空间的领域。例如，确定如下的空间领域：

外部的→半外部的（或半内部的）→内部的；

公共的→半公共的（或半公用的）→私用的；

多数集合的→中数集合的→少数集合的；

嘈杂的、娱乐的→中间性的→宁静的、艺术的；

动的、体育性的→中间性的→静的、文化的。

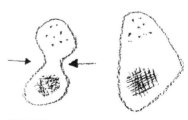

即使在同一外部空间中，由于用途不同，也可以考虑空间的顺序。

图 3-13A

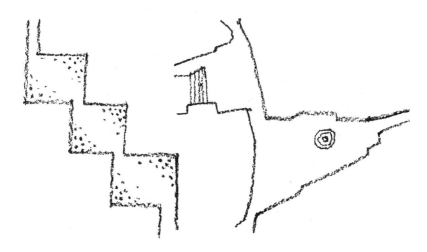

图 3-13B
如果两个以上外部空间连在一起,自然就各自产生空间的顺序。

　　这些不过是少数几个例子,实际上要考虑各种各样的组合。外部空间正如开头所下定义那样,与单纯的 N 空间(消极空间)不同, 因为它是满足人的意图的 P 空间(积极空间),所以,在人的多样意图范围内,要考虑一切组合。

　　那么,参照图 3-14,具体地来表示一下"外部的→半外部的→内部的"这一空间秩序的构成。外部空间 1 是宽阔的, D/H 相当大,地面也比较粗犷,栽有树木等。空间 2 比空间 1 稍窄小, D/H 也稍小一些,地面使用了相当人工性的材料。空间 3 则更比空间 2 小,由于墙壁而有了封闭性, D/H 相当 2、3、4、5……地面使用了极为细致美观的材料,照明也不是通常室外照明的那种灯柱,而是采用了从墙面挑出的精致灯具,以内部效果为目标。而且,在这三个空间中还利用了室外家具、室外雕塑等。

　　这样就可以创造出从外部过渡到内部的空间秩序。

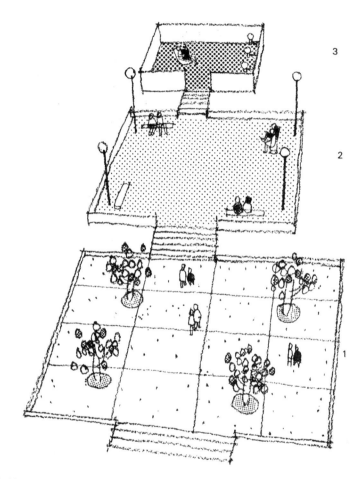

图 3-14

在进行外部空间设计时，如果要细致地考虑空间，就要像内部空间那样布置，赋予各个空间功能，按顺序看是个什么样子，像这样考虑的人一定很多吧。这里仅作为一个例子。只想表示"外部的→半外部的（或半内部的）→内部的"空间以踏步连接的情况。

实际应用这种想法的设计，可以以武藏野美术大学校园为例。

进入混凝土做成的牌坊形大门（1），就是与主楼之间以砖铺的踏步和绿篱构成的 NO.1 空间（2）。假定下一个外部空间中央广场为 NO.2 空间，那么，要到那里就必须从主楼当中通过（3）。这是在空间中设置"收缩点"的意图。一穿过它，大空间就豁然展开（4）。 中央广场尽量避免种植高大树木，只采用草皮和铺装面，由四面的建筑群围成封闭空间。纵向的 $D/H \approx 4$ ，横向的 $D/H \approx 5$，与 NO.1 空间相比，NO.2 空间是按内部式处理，再要进入画室，就要穿过由支柱构成的空间（5），登上圆形楼梯（6）。来到相当 NO.3 空间的小广场（7）。它的大小为 9.7 米 ×9.7 米，$D/H \approx 3.5$。在这个空间里，树木和草皮之类全都没有，地面铺设缸砖，沿墙设置木长凳，没有屋顶，是以圆形楼梯和照明灯柱为中心的小巧的内部式外部空间。学生从拥挤的街道上，依次通过这样空间秩序的外部空间而进入画室。回去时则通过与来时相反的 NO.3 → NO.2 → NO.1 外部空间。在空间过渡上采用收缩空间的 "收缩点"，是作为强调外部空间的效果而考虑的。也就是从道路进入 NO.1 外部空间时要通过混凝土牌坊形的框架，从 NO.1 外部空间进入 NO.2 外部空间时要通过隧道似的主楼当中，从 NO.2 外部空间进入 NO.3 外部空间时则要通过支柱层,这样就构成了"外部的→半外部的（或半内部的）→内部的"这一空间层次。

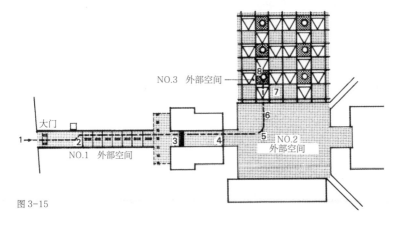

图 3-15

（1）隔着正面的混凝土牌
坊远望主楼

（2）由通向主楼的平缓台
阶构成 NO.1 外部空间

（3）路线由屋外进入屋内
通向主楼的通风处

（4）中央广场构成 NO.2 外部空间，正面是美术资料馆

（5）广场向左弯曲，由支柱支撑的工作室

（6）在画廊下面的广阔空间布置了旋转阶梯

（7）登上台阶后来到 NO.3
外部空间，小巧而宁静

（8）路线从 NO.3 外部空间
到达朝向三个方向的画室内

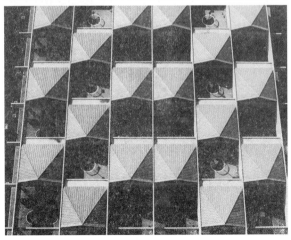

画室楼由 X、Y 轴方向的混
凝土梁构成，交点处以支柱
支撑，教室和旋转楼梯以外
露天。

其次，关于"公共的→半公共的（或半公用的）→私用的"这一空间层次，也想举个实例加以说明。这就是在富士山斜坡上规划的贸易研究中心校园。 NO.1 外部空间是由行政办公楼和走廊围成的公共空间，设置了适于进行室外仪式及集会用的讲台和旗杆。NO.2 外部空间是由教室群围成的半公共空间，是学生们在课余进行谈话、读书和散步用的。NO.3 外部空间是由食堂、学生礼堂、图书馆围成的日常型外部空间，是弹吉他唱歌、谈论人生、谈笑、品尝烧烤的地方。具有这样三个空间层次的外部空间，利用自然的斜坡，以踏步为交接从高处依次布置。绿化、户外照明灯具等，也分别以适于公共的、半公共的、私用的形式进行设计。也可以说这正好相当于室内空间秩序的客厅、起居室、居室。

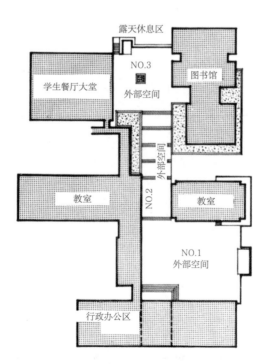

图 3-16 富士山的贸易研究中心校园平面图。NO.1 空间、NO.2 空间、NO.3 空间顺着斜坡向下布置，构成了"公共的→半公共的（或半私用的）→私用的"这一外部空间层次。

　　"多数集合的→中数集合的→少数集合的"这一空间秩序，应用前面所述的"十分之一理论"，可以简单地构成，随着空间的缩小，由于或是增加墙壁高度，或是使用精致的材料，使照明灯具加以变化，就可以强调出空间的层次。

　　嘈杂的、娱乐的外部空间可以设计，宁静的、艺术的外部空间也可以设计。削成一部分斜面而围成的外部空间（图 3-17）可以创造，面临河流或湖泊的愉快空间也可以创造。总而言之，在于充分克服和利用一切地理条件，适应该空间所要求的功能种类和深度，创造出空间秩序富于变化的空间。

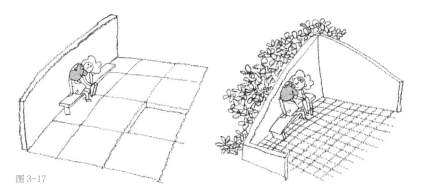

图 3-17

如果很好地利用墙壁，就可以很容易地创造出相当安静而愉快的空间，特别是利用斜面会非常有趣。

箱根明神平的萨乌那（Sauna，芬兰式蒸汽浴——译注）小舍之前庭，创造出用斜面围成的外部空间。
在倾斜而高度不同的围墙上嵌有室外壁炉，设有兼作水平照明用的壁橱，并设置了长凳。

4. 外部空间的序列

即使是同一景色，或是由照相机的取景器望出去，或是头朝下从两腿中间望出去，有时景色就会变得非常紧凑且美妙，选择摄影构图时，由于在近景上收入屋檐或下垂的枝叶等，收束了笼统的远景，就可以形成有尺度感的空间。

在外部空间构成上，也可以把视线收束在画框之中，使远景集中紧凑，给空间带来变化和期待感。在画框当中最简洁明快的形式，恐怕要数日本的牌坊了吧。这个牌坊不光在地图上用作表示神社位置的记号，在实际的外部空间中，也成为神社空间的象征。而且，由于它的位置在空间中，作为画框而收束远景，暗示着人们行进的方向。它的造型很简洁，也可以说是纪念性的。

随着人的移动而时隐时现，为空间带来变化的情况是常有的。为此或是利用地面的高差，或是很好地配置树木，或是运用相当于人视线高的墙壁，就可以简单地达到。就像小说情节中有伏笔一样，外部空间构成上也是可以如此的。让远景一闪而现，一度又看不到了，然后又豁然出现，这样的手法作为日本庭院的技法是经常采用的。

　　还有碰到墙或绿篱之类就转直角的手法，里面完全不能看清楚，给人深邃的印象。由于改变行进方向，可以得到完全不同的景色，打破空间的单调，在空间中产生跳跃感，这是在通向重要建筑的引道或神社参道等处采用的日本外部空间设计的传统手法。让它在现代建筑外部空间构成上发挥作用，也是很容易做到的。而且，由于很好地利用该处所产生出来的阴角及阳角空间，就可以进一步为空间带来复杂的变化。

　　仔细观察一下日本庭院铺石的配置，可以说它就好像是写在地面上的乐谱。这就是：供急步行走的快板似的庭石，供缓口气儿舒畅行走的像慢板似的庭石，在节奏或方向的转折点布置灯笼一类标志，在休息眺望景色之处布置休止符似的大铺石等手法。漫步庭院的人们，是随着写在地面上的乐谱。把相当于作曲家的造园家的意图，是通过亲自体验空间而加以玩味的。这怎么不是巧妙的外部空间技术呢？

图 3-18

即便是同一景色，或是改变角度，或是从框框中望出去，有时竟会产生出乎意料的美。自古以来人们就传说着"倒看天之桥立，别有意趣"①

① 这是一句日本成语，原文为"天の橋立またのぞぎ"，其中所提到的"天之桥立"是京都府一处风景，从胯下侧看天之桥立，松树和小舟好像从天上落下，十分有趣。

　　外部空间设计中，西欧技法与日本技法的区别在于：一个是从一开始就一览无余地看到对象的全貌，一个是有控制地一点一点给人看到。我认为不能说孰是孰非，按照需要分别采用各自的技法乃为上策。举个例子，日本某高级观光旅舍，建在斜坡上，如站在正门处，只能看到利用地平线的小巧舒适的高级平街层入口，进了入口，一边下行，一边欣赏向左右扩展的空间是站在入口时无论如何也想象不到的丰富。莫斯

图 3-19

图 3-19　建在斜坡上的日本某旅馆，在宁静的气氛中有节制地展开。在莫斯科住过的饭店，同日本的饭店造型不同，它是看来好像大教堂似的左右对称的漂亮大建筑。进到里边就不如外表气派，建筑五金和装修等是很贫乏的。

科的某饭店，是一幢看起来像带尖塔的大教堂似的巨大豪华建筑，但进去之后就逐渐变得简朴，初看到时那种威严变得不在了。

　　当设计外部空间时，一开始就给人看到全貌，给人们以强烈印象和标志，这是一种方法；而有节制地不给人看到全貌，一面使人有种种期待，一面采取可以一点一点掌握空间的布置，这也是一种方法。如果进一步把两者并用，一方面带来强烈的印象，一方面又能创造充实丰富的空间，又有什么不好呢？

对于日本人来说，在自然当中显露出金字塔那样巨大形象的想法，再加上自然条件和民族习惯的差异，恐怕是怎么也不会出现的。如果说有日式"金字塔"那样的东西，那恐怕就是：或利用水面或碰到墙壁及绿篱而转弯之后，突然一下子使人看到小型的"金字塔"吧。 从心理上来说，广阔空间中的巨大金字塔，和穿过狭窄处所来到空间中的小型"金字塔"哪个看起来更大，这是不能一概而论的。

桂离宫古书院观月台的飞石

从桂离宫古书院停轿处看到的飞石园路

5. 其他手法

　　这里再来谈一谈外部空间设计时其他值得注意的手法。

　　首先进行提到的，就是有效地利用地面的高差。根据它就可以创造高平面、低平面以及中间平面。安排高差就是明确地划定领域的界线。借助高差就可以自由地切断或结合几个空间。地面低于基准地平面的下沉庭园（sunken garden），具有与竖起墙壁同样的封闭效果，而且，从地面看低的部分时，因为容易在一瞥当中掌握整个空间，所以在外部空间设计中是极有效的技法。下沉庭园的手法可用于外部空间规模较大、平面复杂、人流大量集中的市中心地带空间难以掌握的情况，或是一方面使空间上连续，同时又把有入场券和无入场券者加以区分的情况，可以说它的适用范围是相当广泛的。

　　纽约洛克菲勒中心及华盛顿广场不仅对纽约的居民，就算对来自世界各地旅游者来说，也是十分熟悉的外部空间，所以，想以它们为例，从地面高差的角度稍加详细说明。

驹泽奥林匹克公园体育馆,有东西南北四处下沉庭园,可以在这里休息,也可作为搬运体育用品的入口。这样,下沉庭园在视觉上保持持续,同时又可以在领域上加以划分。

　　洛克菲勒中心是基于地面高差的统一建筑规划的三度空间规划。而华盛顿广场则是根据道路规划而确定其规模的二度空间规划,决定封闭条件的周围建筑高高低低,是自发式的。从5号大街向着RCA大厦[①](地面以上70层,高约258米)垂直进入的道路称为"峡谷花园"(Channel Garden),宽约17.5米,长约60米,两侧为5层(退后成为7层)的法兰西大厦和大英帝国大厦。这个峡谷花园的空间,$D/H \approx 0.7$,因$D/H < 1$,自然就形成紧迫的空间。正面的美国通用电器大楼非常高,因为同上述两侧大厦的檐口线灭点没有关系,所以 这个$D/H \approx 0.7$的空间就起到望远镜镜筒的作用,视线集中于前方,进入的方向可以看到令人期待着什么的效果。故且向峡谷花园前进,RCA大厦则清晰地从两侧

注:RCA大厦现为美国通用电器大楼

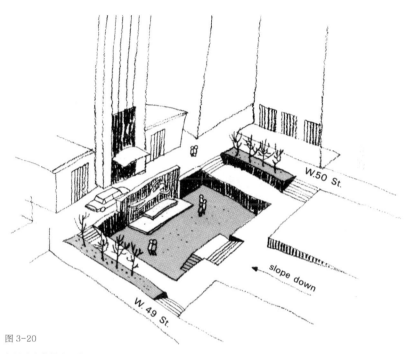

图 3-20

纽约洛克菲勒中心鸟瞰图

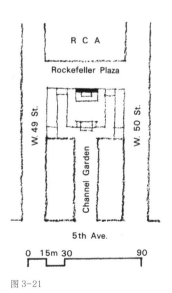

洛克菲勒中心平面图。这个外部空间说
明它是如何巧妙地按照规划形成的

图 3-21

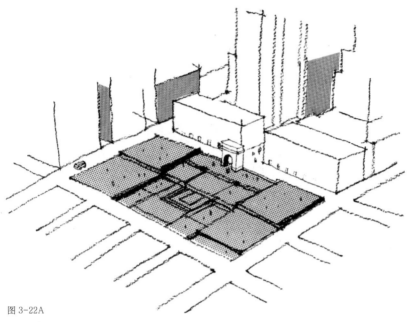

图 3-22A

纽约华盛顿广场鸟瞰图

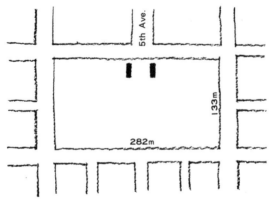

图 3-22B

华盛顿广场平面图，这个外部空间没有多大封闭性，无论从哪方面看，都像是个广阔的公园

建筑中脱离。来到峡谷中央附近时，以褐色花岗石墙面为背景，稍有几分俗气且金晃晃的普罗米修斯雕像即进入视野。再向前进，突然，低广场（Lower plaza）展现在眼前，这个广场据说一到冬天就成为溜冰场，其他季节就成为饭店。从 5 号大街可以通过西 49 街或西 50 街不经踏步即来到洛克菲勒广场大街，然而通过峡谷花园的人们，无论到哪一条街，都必须登上四座踏步中的一座（参见图 3-20）。这是因为峡谷花园是有斜坡的，在这里进出的大量人流注意不到峡谷花园的斜坡，所以毫不理会地从这四座踏步上下。

由于把峡谷花园做成斜坡，从而带来了从 5 号大街向着低广场的进行性，而且，由四座踏步构成的墙面，因包围着低广场而提高了封闭条件。即便在这样平坦的用地上，由于以斜坡带来了高差，又加上采取了低广场，也能吸引来到这里的人们的注意。人们在周围徘徊、休息、凝神眺望。洛克菲勒中心的魅力，可以说是由于地面有高差而产生的。相对地，华盛顿广场与其说它是外部空间，不如说是夹在道路中间的公园空间。它的大小有 133 米 ×282 米，周围的建筑墙面，由 14 条道路造成空间的纵向缺口。周围建筑的轮廓线是形形色色的，D/H 平均为 4.5 米左右，封闭条件也不太好。哪怕把这个大空间划分成 4 ~ 10 个下沉花园，分别赋予它们不同的用途和特征，不是就会稍稍好一些吗？

由于谈到了地面的高差，那么想再谈一谈联系高差的室外踏步及斜道。在图3-23A中，假设两个不同水平面的空间分别为A、B，且A比B高，联系A、B的踏步或斜道，基本上有三种方法。第一种是踏步进入B领域（图3-23A-1），第二种是踏步进入A领域（图3-23A-2），第三种是踏步进入既不属于A又不属于B的中间性C领域（图3-23A-3）。如A领域延长到A′，B领域延长到B′，处于中间的C领域的情况为第三种的变形（图3-23A-4），那么，从设计上判断，踏步或斜道是在A领域还是B领域？或是在C领域呢？乍一看好像很简单，可是从前述的外部空间布置的领域性来考虑，则是极为本质性的问题。而且，连接A领域同B领域时，踏步的位置是在端头？是在中间？还是整个宽度都是踏步？根据其具体情况就能充分赋予某些地带通行之外的用途（图3-23B）。这也是外部空间布局的重要问题。

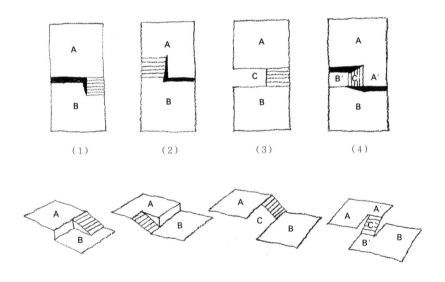

（1）　　　　　（2）　　　　　（3）　　　　　（4）

图 3-23A

以室外踏步联系两个不同水平面的空间，从领域性来看，可考虑有（1）、（2）、（3）、（4）四种类型。踏步进入A领域还是进入B领域，有充分研究的必要。

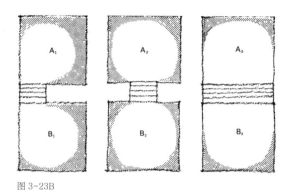

图 3-23B

连接 A、B 两个空间的室外踏步的位置，这时这些空间的使用带来很大影响。例如图中网点部分因在主要人流线之外而成为较安静处，所以可设置长凳或饮水装置。

外部空间的踏步最好宽度较大，人们能自由地交错通过。而且，如前面所述，踏步高度与室内相同或是根据情况低一些较好，踏面则希望做得比室内宽些。

室外踏步根据休息平台的位置和深度，给人的印象大为不同。如图3-24 那样，当站在踏步下面时，若休息平台深度较大，休息平台上面的踏步就看不到，起始一段踏步的最上面一步形成地平线。随着往上走，下一段踏步就开始看到了。当休息平台比较多时，就依次开始出现上面的踏步。相对地，在休息平台深度较浅时，就可以一目了然地掌握踏步的全貌。

有时有这样的情况，先是由踏步上面的梯级清晰地划出地平线。随着往上走，那里突然有某种东西现出来了，于是视线集中于该对象上，随着再往上走，逐渐现出该对象的全貌。把这种手法试用于实际当中的实例为驹泽奥林匹克公园的室外踏步。这座花岗石踏步宽度有 100 米，看了它的剖面图就清楚，随着每往上走一点，所看到的正面的塔就会发生一些变化。从图 3-25 的 1、2、3、4、5、6 位置拍摄照片可以看到，在人行道与车行道交界的位置 1 处，可以看到塔的一半，可是在踏步口 2 及休息平台 3 处，所看到的塔反而减少了。来到上面广场 5 的位置，就可以眺望整个广场。

　　室外踏步在上的时候和下的时候，印象大为不同。就好像登山时攀登和下山在心理上是完全不同的一样。征服了山峰下山时，像上山时那样充满期待，经常也是不少的。

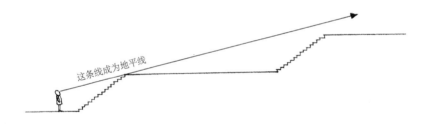

图 3-24A

休息平台较宽，上面的踏步从下面看不到

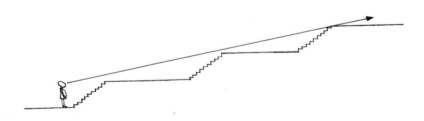

图 3-24B

可以　眼看到踏少的全貌

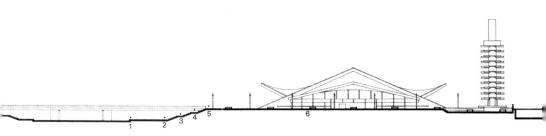

图 3-25 驹泽奥林匹克公园剖面图，图中的 1、2、3……表示拍照片（1）（2）（3）……时的位置。（1）在贯通公园的驹泽大道旁的人行道上，从这里隔着宽约 100 米的花岗石室外踏步眺望控制塔，可以看到塔的一半左右。再近一点从踏步的跟前眺望（2），就变成塔好像稍远一点的印象，只伸出塔的顶部，登上踏步到达休息平台（3），看到的部分又减少了，继续踏上踏步，到达上面的休息平台时（4），视野突然开阔，大体上可以看到塔的全貌，可是对广场的面貌尚不清楚。上完踏步（5），控制塔自不必说，广场全貌也可以看到了。向广场中央前进（6），塔即迫在眼前了。

驹泽奥林匹克公园基于东京大学教授高山英华先生的基本构思，由村田政真建筑设计事务所与芦原义信建筑设计研究所共同进行了基本设计。我们担负了广场左侧的体育馆及控制塔的施工设计。这个中央广场，还有一个大量植树处理成公园风格的方案，可是我们建筑师方面却希望只采用铺石的枯式空间，这一意见终于被采纳而成现在的样子。像这样可说是意大利式的外部空间，在日本极为罕见，广大的东京似乎仅此一处，希望这种枯处理的作品今后再继续出现，控制塔中央设置电梯，将地下的中央控制室、配电间、机械空间顶部联系起来，这座塔上有 10 层以梁支撑的板，第 11 层板上设置了 33 吨的高架水箱，为这个公园的全部设施供水。在举行奥运会时，从这座塔上装置的抛物面天线向全国进行电视直播，当进行设计时，提出了水箱容量和高度的要求。还考虑到作为整个广场的中枢，有必要处理成纪念性的。我们曾考虑过在手掌中安置水箱的造型，或采用自由曲线的雕刻式造型，可是最后采用的却是建筑师风格的直线式构图。完全没有考虑日本传统，可是结果据说经常有人讲它的确像是日本式的塔。

（1）

（2）

（3）

（4）

（5）

（6）

　　下面，想讨论一下关于物体的边缘。在建筑中面与面的交线或不同材料的交接线，通常都受到重视，被看作是体现施工精度的东西。就连在抹灰工程上也能看到，在墙面上虽稍有凹凸不平，但只要外墙与天棚的交线很直，也算是很好地完工了。在外部空间中，因为往往比内部空间有更开阔的视野，所以必须特别注意线的"通畅"。

　　无论谁都会注意到，工程用的颠簸不平的手推车道路和高速干线的正规平坦道路是不同的。只要看一下道路，就是不在上面行走，也知道它的质量。同样，根据道路或广场的铺装边缘整不整齐，就可以了解道路或广场是否建设得很好。

　　用于这种边缘的材料，应当是比用于中间铺装面更加高级的材料。例如，砂浆铺装上可采用砖边缘，但砖铺装上采用现场抹成的砂浆边缘则较差，至少要用预制混凝土路沿或块石路沿。仿花岗石铺装面上不要采用砖边缘，但不妨倒过来使用。就这样，作为边缘的材料，希望比用于中间的材料或是更规整，或更坚硬，或吸水性更小，总之在材料上更高级。

　　在外部空间构成上，应当是等间隔的，或是在一条直线上整整齐齐排列的，但是，哪怕稍稍有点破格，看起来反而好些。准确平行但却产生错觉，这种情况也不好。通常是尽量规整地进行布置，然而在外部空间中故意采用不规整图案（random pattern），反而产生很好效果的情况也是很多的。

外部空间中水是如何处理呢？在气候寒冷的地方，水也许不是那么有意义，但在气候温暖的地方，对外部空间来说，水就是重要的了。水可以考虑为静的或是动的。静止的水面物体产生倒影，可使空间显得格外深远。特别是夜间照明产生的倒影，在效果上使空间倍加开阔。动水中有流水及喷水，流水低浅地使用，可在视觉上保持空间的联系，同时又能划定空间与空间的界线。流水由于在某些地方做成堤堰，还可以进一步夸张水的动势。

水的有趣的用法，就是在空间布局时说过的那种不希望进入的地方，以水面来处理。据说感到从某个方向给人看起来样子不大佳妙的上年纪的贵妇人（图3-26），就在她愿意给人看的方向摆上椅子以引导人。就好像这位贵妇人一样，在不愿意从此处让人眺望的领域，就可以用水来处理。用这种方法，可以相当自由地促进或是阻止外部空间的人的活动，因此，外部空间的设计是非常有意思的。

泰姬陵前面的运河

平等院凤凰堂的阿字池

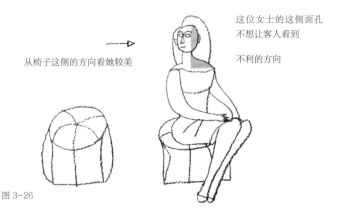

图 3-26

有次听说，有个一侧耳背的人同人说话时，就请坐在他可以听到的一侧。女士上了年纪，也就有了不愿让人看到的方向，便在其有利的方向摆上椅子以引导人。

当结束这一章时，想举出威尼斯的圣马可广场和日本的严岛神社的院子加以分析比较。因为两者差不多起源于同一时代，同时至今仍完整保存，而且又广为人知。

尽管这两个外部空间在地理上各处一方，是毫无关系的，可是把两者的照片摆在一起对照来看，在它们的空间构成上却有着令人惊异的相似性。

威尼斯的圣马可广场，原为兴建于9世纪的圣马可教堂的前庭，11世纪初作为市场而发挥作用。以圣马可教堂为中心迄今的许多扩建工程，主要是经过16、17世纪实现的。因为该外部空间是经过漫长的岁月流逝而形成的，所以哪一幢相对的建筑也不平行。例如，道奇宫是从1309年至1422年修建的最美丽的拱式建筑，但它与对面的斯卡摩其图书馆并不平行，而且与圣马可教堂相比也相当退后。庇阿查广场上的两幢办公楼也不平行。可是，反过来也可以说这样的布置却成了这个广场的特征。无论如何这个广场的精华要算是从圣马可教堂正面的庇阿查广场转个直角来到庇阿塞塔小广场，以道奇宫与斯卡摩其图书馆作为两侧的墙壁看正面海时的景观。以海为背景的两根花岗石柱为狮子柱（1189年）和圣·台奥道尔柱（1329年），大大地收缩了这个小广场的空间，就连今天仍成为来此观光的世界各地游客必然留影的地方。

严岛神社是伸向海中建起来的日本由绪的一个神社。它的起源据说可以追溯到9世纪以前，11世纪时两度毁于火灾，海中的大牌坊也由于风暴雷电至今屡次被毁，已经数次重建。该神社以西北向作为正面，靠近东南岸处有正殿，前面有横向的拜殿，拜殿前有纵向矩形的拔殿，拔殿前为无屋顶铺木地板的平舞台，其中央为高出三层踏步带栏杆的高舞台。平舞台在高舞台的北面向东西扩展，左右有乐室和神社。平舞台中部狭长地延伸，其末端有江户时代的铜灯笼，在海中约150米远的海面上布置了大牌坊。

严岛神社隔着高舞台向海面眺望铜灯笼和大牌坊的景观，也同圣马可广场的情况一样堪称绝景，是比圣马可广场有过之而无不及的。严岛自古以来就举行舞乐和祭祀，即便现在也还因为每年举行数次各种活动而受到全世界的注目，这是很自然的了。

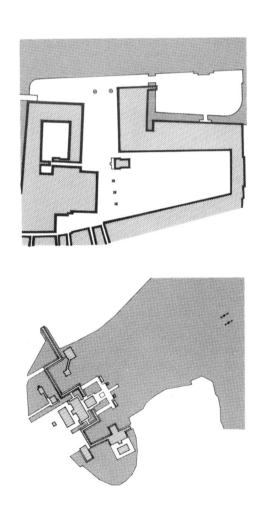

图 3-27
圣马可广场（上）与严岛神社（下）平面图

从圣马可教堂眺望广场，左侧有道奇宫，右侧有斯卡磨其图书馆，正面有狮子柱与圣·台奥道尔柱，
大大收缩了这个庇阿塞塔广场外部空间，地面的铺石的确很美，为空间带来充实感。

严岛神社是伸向海中建立起来的日本由绪的一个神社，拔殿前有平舞台，其中央高起一台为高舞台，江户时代的铜灯笼和海中的大牌坊大大地收缩了这个空间，木板铺的地面不逊于铺石。

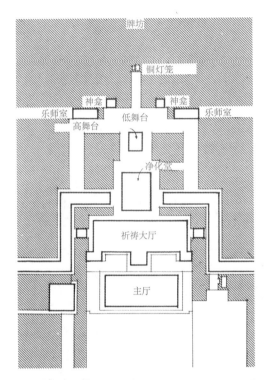

图 3-28

严岛神社总平面图，神社面向西北，
从前面起为正殿、拜殿、拔殿，其前
面有高舞台、平舞台。

这两个外部空间，其起源均追溯到 9 世纪，都是迄今为止在各自
的悠久历史过程中变迁出来的。不过，二者都具有鲜明的宗教目的，
都在那里集中了大量人流进行各种活动。无论是看到 15 世纪末帕里尼
（Gentile Bellini）所绘的圣马可广场宗教活动图（图 3-29），还是看
到严岛图会中的严岛舞乐图（图 3-30），都仿佛今人看到当时的盛典，
是可以推想出该外部空间如何按照各自的目的发挥作用的。作为外部空
间构成，适当地配置可以看到海和看不到海的部分，在面向海的空间延
伸，可以考虑在设计上集中主要精力。在圣马可广场是两根花岗岩石柱。
在严岛神社是铜灯笼和大牌坊，分别较大程度地提高了空间的质量。这
一点作为空间构成上的精华，却又是远隔大海各自东西，而且是几世纪
前的事情，这不是非常有意思的吗？

图 3-29

G·帕里尼所绘的圣马可广场宗教活动，表现出这个空间是曾用于何种目的的。现在，一到季节观光者就充满这个广场，也可以说它表示了这个广场有了想不到的功能。

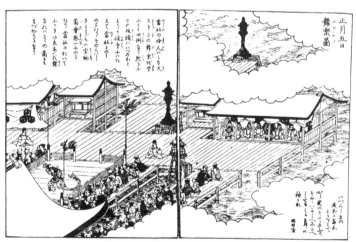

图 3-30

严岛图会中表现的雅乐之舞，平舞台末端两侧为乐室，有许多乐人奏乐，在高舞台上跳蹈。比圣马可广场的活动有过之而无不及的美妙活动，以海为背景是非常有趣的。

第四章 空间秩序的建立

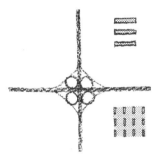

1. 加法创造的空间与减法创造的空间

　　就像既有用某些材料堆砌而成的雕刻，也有从石头或木块上砍掉不需要的部分而做成的雕刻一样，建筑空间也可以分为两种类型，一种是把重点放在从内部建立秩序离心式地修建建筑上，一种是把重点放在从外部建立秩序向心式地修建建筑上。换句话说，一种是加法创造的空间，一种是减法创造的空间。前者首先确定内部，再向外建立秩序，对外部来说会有一些牺牲，在对内部功能及空间理想状态充分研究的基础上，把它加以组织、扩散、逐步扩大规模而构成一个有机体。每个局部都是十分人性化，充满关怀的。不过，作为整体构成，若超过一定规模，最终将会引起混乱。后者首先确定外部，再向内建立秩序，对内部来说又会有一些牺牲，基本包括城市尺度有关的大前提，在对整体构成的规模及内部布置方法充分研究的基础上，把它加以分析、划分，按照某一体系在内部充实空间。每个局部因为是按照"公约数"形式处理的，所以会有一些勉强，对使用它的人来说，有时是非人性化的、不关怀的，而作为整体构成来说常能取得均衡，是逻辑式的、规划式的。

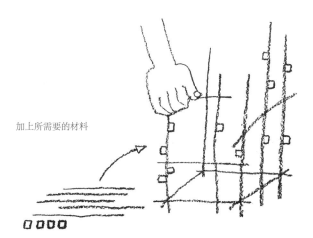

加上所需要的材料

用加法创造空间

去掉不需要的部分

用减法创造空间

图 4-1

上图为加法创造的雕刻，下图为减法创造的雕刻，即使同一空间造型，有时也是既有把注意力集中于堆砌部分的，又有把注意力集中于砍掉部分的。在创造建筑空间时，不是可以说也是同样的情况吗？

这里不妨把芬兰建筑师阿尔瓦·阿尔托（Alvar Aalto）与法国建筑师勒·柯布西耶（Le Corbusier）的作品来做一番比较。看到阿尔托作品的平面图就会发现，它是采取了左右不对称的观众厅，莫名其妙的凹凸平面，锐角与钝角相交的墙壁，以及自由豁达的曲线等。立面图上也是同样，要么轮廓线做成锯齿形，要么做成不可思议的曲线。要是不在实际中看到他的作品，光从图面上加以判断，乍一看就会感到好像是充满矛盾的。可是如果实际看到它所设计的建筑，竟是异常动人。平面图上意义不明的凹凸，生动地为建筑带来幻想式的褶纹和阴影。轮廓线上的锯齿形状打破了外轮廓的单调，同背景的针叶树林相呼应地迫近观者。前侧的墙面与后侧的墙面在平面上也是错开的，这样的情况对阿尔托来说并不是问题，平面图是在他思考过程中就如此存在的，一度作为空间分隔的墙壁出现以来，由于阿尔托的 "魔术"，墙的前面和后面在视觉上不是没有任何关系了，各个独立空间的美妙，给人们留下深刻印象。而且，还在各个场所，或是装置了最适于那里的门拉手，或是楼梯扶手、灯具、家具、地毯，向活动在那些空间里的人们，从肌理上指点出该建筑的美。纵然同该空间的后侧有矛盾，不过阿尔托大概很好地结算过，不可能同时体验两个空间吧。如果有必要，估计他是会依次把空间叠加起来的。

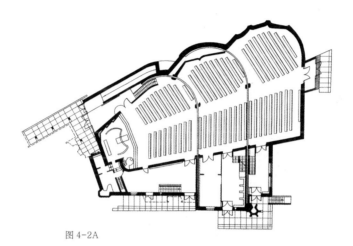

图 4-2A

奥库森尼斯卡教堂平面图 （ 阿尔瓦·阿尔托设计 ）

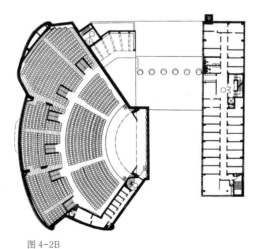

图 4-2B

赫尔辛基文化会馆平面图（阿尔瓦·阿尔托设计）

赫尔辛基郊区奥塔尼爱米工科大学为阿尔瓦·阿尔托设计，它的轮廓线是奇特的，但十分美观。砖墙质感也很好，一直考虑到各个细部，可谓是细致入微。

这样，不管怎么说，都是从内向外建立空间秩序，换句话说，也就是加法创造的建筑。那么，从外向内建立空间秩序，或者说减法创造的建筑，又是怎样的呢？我认为，针对阿尔瓦·阿尔托而可供引证的，那就是勒·柯布西耶的作品。这种看法开始于本人最初看到勒·柯布西耶的马赛公寓时的强烈印象。远望这幢建筑时，这个近处反而看不到的巨大近代建筑精华，有着无法形容的外观魅力。再近点看，这个巨大的混凝土块架高在他惯用的支柱上，混凝土块上有着深深的雕镂，部分墙面上饰以强烈的色彩。你马上会产生这样一种错觉，这不好像是雕刻巨匠用自己的凿子在混凝土块上雕出了居住单元似的吗？它正是这样的雕刻式建筑。

当进去参观公寓的一个单元时，在剖面图上非常熟悉的那个狭长房间，无论如何不能认为是从供人居住的角度来考虑的，你会在头脑中产生这样一个单纯的疑问：它是不是从作为整体比例的建筑物宽度中推算出来的呢？在居住单元交替组合的极好排列方法以及深雕秩序的正立面魅力前面，不得不放松了内部空间的居住性，而且，也看不到在阿尔托作品中所见到的那种令人感到亲切的细部以及门拉手之类的东西，只有粗犷最为显眼。这恐怕是为了勒·柯布西耶建筑理论的整合性，而不得不置之不顾吧。

图 4-3

马赛公寓（勒・柯布西耶设计）

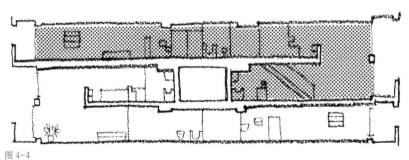

图 4-4

马赛公寓剖面图

　　如果把两位大师的建筑从空间论上加以比较，可以指出，这正是它们对立的起源。如前所述，在加法创造的建筑中有阿尔托的作品，在减法创造的建筑中则有勒·柯布西耶的作品。阿尔托假如设计马赛公寓，可以推测，他不会建造那种狭长的居住单元，也不会构成架在支柱上的庞大矩形块体。从外向内建立秩序为重点的方法，是建筑本身自己完成式的，雕刻式的、纪念碑式的。在这一意义上，勒·柯布西耶的作品是非常确实的建筑，难以适应内部功能的变动。阿尔托的建筑因为不论从哪方面说都是十分注意从内部建立秩序的方法，所以单元本身有居住性，也有发展可能，不管是后来扩建的还是原建的，都可以适应内部功能的变更。

　　阿尔托的作品集是沉默的，在布满森林湖泊的芬兰环境中仔细观赏他的实际建筑，要比看作品集动人得多。勒·柯布西耶的设想则具有超越了环境及地方性的普遍性，不看实际建筑光看他的作品集反倒更为感人。其最好的证明就是，阿尔托仅受到实际看到他的建筑的有限的人的热心支持，在芬兰他和西贝柳斯（Jean Sibelius，芬兰著名音乐家）同为民族英雄，但他的国际威望则不如勒·柯布西耶。同他相反，勒·柯布西耶受到没有实际看到他的建筑的世界建筑师以及学生们的支持，然而他在本国，无论怎么说都是个不走运的建筑师。

　　加法创造的建筑，它的规模自然有限，超过了，加法就陷入动脉硬化，最终会引起混乱，因此它的规模希望不超过一定限度。在内容复杂的大型设计中，希望同时采用从外部建立向心秩序的方法和从内部建立离心秩序的方法，不偏袒任何一方，在调和相互关系上去提高空间质量。

2. 内部秩序与外部秩序

在城市中，人们并非像鲁滨孙那样，只是一个人生活。这是因为城市生活的本质有分工，城市化越来越快，个人只能担负社会上极为专门化的一部分。大城市的居民，带着似乎看不到把自己贡献于社会机构某个部分的表情，一面同疏外感斗争，一面又在集中化、立体化的城市空间中居住、工作、娱乐。

只要进行分工和专门化，就必须把它们加以连贯综合，特别是在今天这样复杂的社会，不进行分工和综合，就不能提高效率。为此，必须确定交通与流通的手段，确定传送能源和信息的手段。在建筑方面，分工和专门化程度较低时，单体建筑即使单位小且是孤立的，也没有多大妨碍。但是，随着专门化的发展，对由单幢组成的群体建筑来说，就必须充分地脉络化。这里所谓的群体建筑，并不是单体建筑算术式的集合，而是指经过很好的脉络化、内部化的建筑群。

这里，假设有一幢供极简单的家庭工业使用的建筑（图4-5A），这幢建筑的外部不用说就是 N 空间（消极空间）了，其内部划分为材料、加工、制品的生产空间和在此劳动者生活必需的空间。由于这些空间的合理布置，在这幢建筑内部，为这个家庭工业的成立而服务的"内部秩序"就建立起来了。

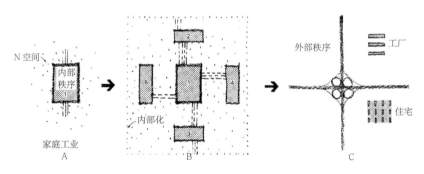

图 4-5

1—工厂；2—原材料库；3—产品库；4—办公室；5—生活区

可是，假定这个家庭工业有一点儿城市化的倾向，换句话说，就是按分工化来发展的阶段(图4-5B)，以往的用地扩大了，在这家工厂周围，决定布置材料库、成品库、办公室、宿舍等。在 A 图中单纯的 N 空间部分，在 B 图中空间被内部化了，整个用地变得具有"内部秩序"了。由于这五幢建筑相互连贯，用地被内部化，这里就成为"群体建筑"，五幢建筑中无论哪幢有欠缺，都会造成不妥。

这家工厂进一步发展、扩充，根据工作住宿分工的原则，宿舍成了一般的住宅和公寓，发货仓库等也靠近车站、码头布置了。于是，这家工厂就逐渐有了大量工作人员，有了大量物资的进出，消耗着大量的能源，采用了大量的通信、信息手段。那么，这家工厂就不再是孤立于 N 空间中的家庭工业，而是相当于纳入了与其他社会有密切联系的城市本来的情报、流通、交通系统。

这种情况下，城市本身规模很小时，也可以把包括这个工厂在内的整个城市考虑为"内部秩序"。一般来说，根据以土地利用规划、交通规划等为中心的城市"外部秩序"，在城市当中来考虑这个工厂空间的适用较为妥当。

那么， A 的外部被内部化而成为 B 的外部又进一步被内部化而成为 C（图 4-6）……， 像这样的内部化反复进行，究竟到何种规模才算是内部化呢？

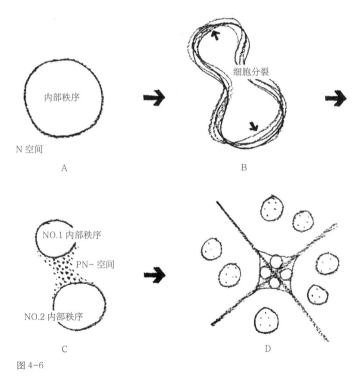

图 4-6

本来，可以说内部化是适应需要，自然增长式地被扩大的，如果一成不变地保持其内部秩序，内部的脉络组织即会发生动脉硬化，当达到某一点时，就会发展到动作迟钝、效率迅速降低的程度。这时，如果内部化再继续进行，那么，或是这一秩序因内部化的压力而爆破，或是产生强烈阻止继续内部化的作用，要么就是内部秩序发生细胞分裂。由细胞分裂产生第二个内部秩序的观点，是同在此之前所叙述的空间论有关联的重要观点。假如一个内部秩序只是单纯内部化而又较大时，就会成为离心式的连贯不好的空间，可是，由于细胞分裂，就可以从没有上面那样大的框架中产生出向心式的质量好的空间。只有一个内部秩序时，周围为 N 空间，有两个内部秩序时，因细胞分裂，其间则产生 PN 空间。如果进一步增加发展的压力，产生许多细胞分裂，那就必须导入外部秩序的观点，这是必然的。

另一方面，在现实城市中，也有阻止进行内部化的因素，其一是城市内被详细划分了的土地的理想状态，再一个是以土地利用规划、交通规划等为依据的外部秩序方法，从外面阻止内部化。由于汽车交通的出现，道路开始分化成连接 A、B 二点的线形，以及在连接 A、B 二点基础上同途中各建筑密切联系的面形。这种面形道路如作为外部秩序应用在城市规划上，在同建筑群接触处就会带来混乱。或勿宁说，把它作为内部秩序，当成建筑走廊似的用法是明智的。而另一方面，线形的道路是纯属外部秩序的，如果是在内部秩序中，只能成为障碍而没有益处。

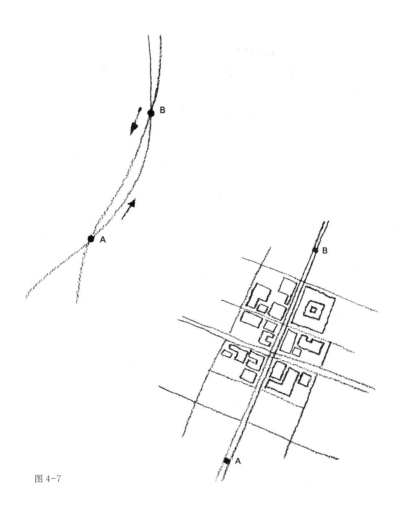

图 4-7

道路分化为像高速公路及铁路那样，途中不和其他事物发生关系，只连接地下铁道入口或车站的线形，以及在连接 A、B 二点基础上同周围建筑密切结合的面形。前者是城市规划式的、外部秩序式的；后者是建筑式的、内部秩序式的。

这里，如果把前述的加法创造的建筑和减法创造的建筑联系起来看，可以说，一面把空间内部化，一面保持内部秩序建造城市的方法，属于加法创造建筑的思想体系。保持土地利用、交通规划那种构成城市基本骨架的外部秩序建造城市的方法，属于减法创造建筑的思想体系。城市因其内容是复杂的，并经常进行着新陈代谢，所以虽面临现实也很难掌握。还有，城市规划（City Planning）和都市设计（Urban Design）这两个词，在其对象的规模、内容、方法等方面，由于不同专业，它的内容也可能有一些差别。如果从空间论来阐述，城市规划是以二次元的外部秩序构成为重点的规划，建筑规划则是以三次元的内部秩序构成为重点的规划。所谓二次元的外部秩序，是从数千米高空看城市的情况，至少是与什么形式的憩坐、同谁吃饭、在哪儿睡觉等人的动作和活动完全无关的。相对地，在三次元的内部秩序中，人的动作和活动才是重要的事情，所有空间都是以人为中心而创造的。

詹·杰克布斯做了如下阐述："城市再开发规划要是光开辟或取消少量的散步道，必定就会造成下面的情景：采用矫揉造作形式的建筑布置，假如从塔顶上眺望，或是看建筑师的透视图，是很漂亮的，可是对于步行者来说那是非常不舒畅的空隙。城市毕竟是为人服务的，而不是做成新型象棋供巨人比赛用的"（《为居民服务的商业区》，纽约，1958 年出版）。

如果把这段话用空间论来表示，那就意味着，首先从设计它的建筑师方面来看，在内部秩序与外部秩序的领域上有一些混乱。本来，应作为内部秩序进行十分细致的设计，可是，由于尺度很大，或是作为外部秩序构成按公式化进行设计，或是采用外部秩序的方法，作为内部秩序从内侧或作为外部秩序从外侧进行成分研究设计，不然就是建筑师过于仓促而简单从事。

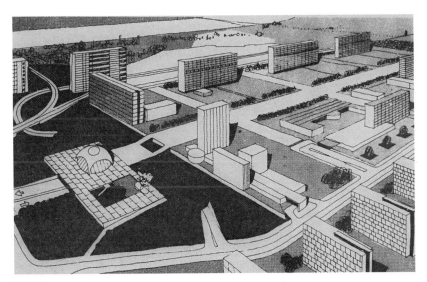

图 4-8

原载詹·杰克布斯的《夸张的城市》（*City Grandiose*）

乍一看，这个广阔的开放空间像搞错了尺度而创造的漫无边际的外部空间。昌迪加尔广场等，无论如何也不是从印度气候考虑的。

城市如果在各个部分不是多种用途并存，就是枯燥无味而非人性化的，这一大众的见解的确可以肯定。但是，城市本来具有分工和专业化，好不好且不去问，因为它的方向是被强调的。人口数百万的现代城市整体要是多用途的内部秩序，在技术上是不可能的，反而会引起混乱。不过，如果不只是一个内部秩序，而是由细胞分裂形成几个有变化的内部秩序，在外部秩序的框架中，内部秩序内容丰富地并存着，是可以再度获得效率和人性化的。

　　那么，这里来看一看路易斯·康的费城市中心规划吧。(《路易斯·康和生活城市》，载《建筑论坛》1958 年 3 月号），其设想是饶有兴味的。路易斯·康提出了修建直径约 134.11 米（440 英尺）的塔状"港"(Harbor）方案。它的核心有全天候停车场，其周围布置了公寓、办公室、汽车旅馆。我想这座塔不是同前面所述的"内部秩序"很近似吗？恐怕这个"港"是按照有相当充裕的内部秩序来考虑的。自然，在这个塔的外面，也对外部秩序进行了规划，首先是从建筑的需要，同时期待着建立同时间均衡的外部秩序，这是可以理解的。它与在整个城市中首先考虑近路那样的外部秩序系统，然后再布置建筑那样的内部秩序的通常的城市设计方案不同，但无论怎么说，我想就像先有内部秩序，然后才有外部秩序那样，的确像个建筑师得到要领的设想。

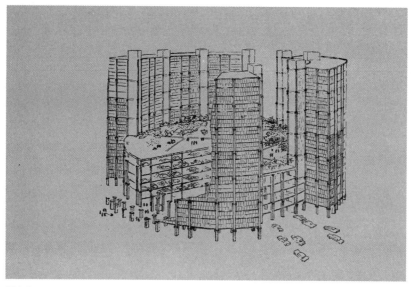

图 4-9

路易斯·康的费城市中心方案，自给自足式的空间构成，给人一种把意大利围郭城市替换到现代的印象。

日本传统式住宅的内部是自给自足式的，然而有着严整的秩序，以家族为中心围以墙垣来保持"内部秩序"。在家中有相当于西欧教堂的佛坛，有饰以艺术品的壁龛，而进屋就脱鞋的习惯，的确是内部秩序的象征。由于把内部与外部的界线设定在脱鞋的地方，所以在传统上对于把建筑外部作为 N 空间来考虑是不大关心的，没有铺装的情况居多。西欧各国像意大利广场看到的那种美丽图案的铺装，从中世纪开始就普遍了，人们养成了从街道上穿着鞋照样进屋的习惯。在屋子里穿鞋，正好象征着外部秩序。西欧的生活中有外部秩序的观点，是基于把内外界线置于个人中心的内外的个人主义，在日本住宅中所进行的活动，变成了在外面教堂祈祷、在公园休息、在饭馆进餐、在广场谈笑。

日式房间内部

　　无论怎么说，日本的城市尽管具有内部秩序的观点，但由于缺乏外部秩序的观点而陷于停顿。同样，西欧的已有城市尽管具有外部秩序的观点，但由于缺乏内部秩序的观点，也陷入了僵局。因此，希望很好地考虑，如何把内外秩序重新改组，巧妙地把两者并用，把城市从停滞和非人性化中挽救出来，形成生动而有效率的城市。对于内部秩序经验较少的国外游客——包括城市规划及建筑学等方面的专家来说，日本城市因内部秩序而带来的城市复杂性，使人们陷入混乱，看起来似乎是绝望的，但同时由于它带来的多样性和人性化，绝望会成为喜悦了吧。正如耐桑·古莱扎（Nathan Glaze）所述的那样："东京的趣味是很别致的，我们要保持它，必须采用外部秩序而从混乱中保持住趣味。现在，东京正在不断地迅速建造着庞大的外部秩序体系。可是，以细胞分裂把东京划分得再小一点，其中不是可以导入外部秩序的观点吗？就像第1-东京、第2-东京……第10-东京那样。"（《纽约与东京的比较》）

　　建筑师是形成抽象概念的人，关于不易看到而又有变化的外部秩序，我想今后必须以更加谦虚的态度去进行研究。

后记
——外部空间的构成与建筑空间论的动向

本书内容涉及建筑外部空间的两个方面，一是基于三次元的欧几里得空间研究其存在形式；另一方面是由其存在形式所带来的空间属性及内容。第二章外部空间的要素、第三章外部空间的设计及手稿属于前者，是研究外部空间构成的语法，基于笔者本人的体验探讨外部空间的理想状态，是相当主观的设计方法论。

第一章外部空间的基本概念、第四章空间秩序的建立属于后者。其基本概念为"P、N""内部、外部"的领域性问题。考虑空间领域时，无论如何必须有边界线，已知空间具有被限定的大小，它由本身的边界线所限定，这里遂产生了"场所"及"领域"的概念。这一边界线概念与"P 空间"和"N 空间"的空间概念有关，还与"内部秩序"与"外部秩序"的空间秩序有关。格式塔心理学中"地"与"图"的关系以及结构主义的结构概念等，也不能认为与这一边界线无关。在考虑由边界所限定的领域时，无论如何必须有中心性，可以看成是作为趋向中心矢量的向心性或收敛性、作为离开中心矢常的离心性或扩散性的空间属性。这一中心性还作为空间理想状态的构成和作为空间表现的现象而存在。边界线的位置于存在空间（Existence Space）明确定位的同时，也存在于基于知觉心理学的空间表现现象中。存在空间的理想状态基于现实的设计方法论，而采用什么方法和它具有怎样的空间形象意义，对我们建筑师来说是十分重要的。人所拥有的环境形象，在存在和由存在引起的现象所交织成的脉络中，可以看出它的意义。这种意义哪怕只有几分，也具有普遍性，因此必须用更稳定的空间体系加以说明。

"空间基本上是由一个物体同感觉它的人之间产生的相互关系所形成"，对笔者这一外部空间论恐怕也会有不同看法吧。这里是作为设计方法论考虑空间理想状态的构成，是以知觉空间为基础，通过主观空间的体验而更近于体系化。不过，空间是同知觉它的人独立存在，这乃是事实。

建筑空间不单作为普遍的等质体，而同人对应考虑的，恐怕是始自埃诺·戈德芬加（Erno Goldinger）的论文"知觉空间"（The Sensation of Space）。英国《建筑评论》杂志从第二次世界大战前即相继刊载了戈德芬加、卡兰、哈斯丁斯、席尔等人的论文，探讨作为景观论的空间属性，抓住封闭感和期待感等序列，把人与空间的对应作为提高建筑空间质量的方法论来追求。本书可以说也包含了上述意义。

"在建筑高度（H）与邻幢间距（H）的关系中，以 $D/H=1$ 为界，当 $D/H>1$ 即成远离之感；$D/H<1$ 时则成接近之感；$D/H=1$ 时建筑高度与间距之间有某种匀称存在"，本书中这一论点乃是探讨空间质量的重要观察，不过读者对这一主观的观察恐怕不一定满足吧。从学术上讲，应当动员大部分测验者，对空间开敞性及封闭性进行调查分析。但是，如果满足根据对少数人的调查，其结果也未必就胜过一个人的主观看法。

在旧著《外部空间的构成》中曾阐述了在纽约的观察情况：

水平距离	20～30 米以内	可一幢幢地清楚识别建筑
水平距离	100 米以内	作为建筑而留下印象
水平距离	600 米以内	可看清建筑轮廓线
水平距离	1200 米以内	可作为建筑群来看
水平距离	1200 米以上	可作为城市景观来看

这一观察方法也是极为主观的，应以各种状态去动员大量接受测验者。然而，无论怎样得到科学的平均值，但作为决定空间理想状态的

设计方法论来说是大同小异的，如读者同意，请承认这只是作者本人的设计方法论好了。分析科学方面的命题时掺进主观因素，那么任何严密的科学思想也不能与主观因素割裂。

1952 年，作者有机会到哈佛大学研究生院留学。在此之前以设计小住宅为主的本人，想在哈佛学习两点：一是空间构成的设计题； 另一个是创造性涵养的姿态问题。"要独创，不要模仿……"，这样的话本是老生常谈，在日本的大学中不大听到谁讲，然而印象却极深。因此想到，不管到哪年，总要单独地展开自己的空间论。

在哈佛的同学当中，有来自挪威的克里斯汀·诺伯格·舒茨（C.Norberg Schulz）。他现在的夫人当时是从罗马来留学的一位美人，我们都是好朋友。我在大学专攻设计，但舒茨对设计科却是心灰意懒，而专心致力于建筑理论的学习。他在语义学研究方面颇有成就。今天，他以探索建筑论真谛而饱受好评的著作《建筑意向》（*Intention in Architecture*）和《存在·空间·建筑》（*Existence, Space and Architecture*）等，我想就是当时构思的。哈佛大学研究生院毕业后，我被马歇·布劳耶（Marcel Breuer）的空间构成所吸引，便到他的纽约事务所工作。当时结识的人中有菲利普·席尔（Philip Thiel）和戴维德·克兰（David Crane），他二人都是凯文·林奇（Kevin Lynch）的门生。席尔因对日本庭院的空间构成很感兴趣，所以很快就和他熟了。就像在凯文·林奇关于儿时景观记忆的测验调查中所看到的那样，席尔关于空间符号的研究我想也不是首创的，但经过他们不懈地、独创性地努力，今天他们已经取得了了不起的研究成果，发表了光辉的著作。能在今天世界学术发展的良好环境中居住，我不能不表示感谢。由于最近读了加斯东·巴什拉（Gaston Bachelard）关于形象主观形成的论述，因而引起了我对二战前和辻哲郎关于掌握直观风土研究方面的关心。而且，通过国外的生活，还着眼于日本人与外国人之间在理解空间领域方面的差异，在 1960 年的国际设计会议上，我发表了"内部秩序""外部秩序"的观点。

1960 年至 1961 年春在纽约逗留期间，我得到了研究"外部空间构成"的机会。当时阅览了许多研究生院的参考文献，还看到了根据卡米洛·西特（Camillo Sitte）的名著 *Der Stadtbau*（1889 年）由查尔斯·斯丘瓦特（Charles Stewart）翻译的《城市建设艺术》（*The Art of Building Cities*，1945 年）。此书因已绝版，故很难找到，虽在纽约时报刊登征书启事，亦是徒劳。这本凡谈广场必然引用的著作，曾给予欧洲极大的影响，不过对希格弗莱德·吉迪恩（Sigfried Giedion）这样的评论家或对工业化时代的建筑师来说，也许不屑一顾，但我想在着眼于人的志向的建筑师当中，恐怕仍然会得到悄悄支持吧。

谈到战前的空间论，必然要引用前面提到的戈德芬加的《知觉空间》一文（《建筑评论》，1941 年 11 月）。他和布劳耶同为 1902 年出生于匈牙利的建筑师，现在伦敦开设事务所，我因对他的建筑空间论感兴趣而同他结识并多次交谈，不过他的空间论后来没有继续开展研究。

当时的建筑论和空间论名著为希格弗莱德·吉迪恩的《空间·时间·建筑》、布鲁诺·赛维的《建筑空间论》和泰因·埃勒·拉斯姆森的《建筑体验》，很多学生都读过，后来又出版了大量这方面的书。今天，一般会令人想到舒茨所说的"朴素的现实主义"之处也颇为不少。

维也纳学派的美术史家达戈贝尔·富莱（Dagobert Frey）在他的《比较艺术学》一书中，为了表达空间构成而使用了"目标主题""路线主题"这样的概念，并说："所有建筑艺术都是以目标和路线为媒介的空间形式"。"在自由、无限、无形式的空间中，如果做出一个标记，那么我就把这个空间造成是有形的了，为这个空间赋予了中心，把自由空间同这个中心联系起来"，在这段话中形成了向心性、封闭性之类的"场所"概念，在更广阔的领域中为空间安上了位置，并进一步发现把环境作为内部秩序而结构化的方向。

旧金山的丘陵作为时隐时现的城市景观，是很有意思的街区，前述的菲利普·席尔分析了这一丘陵道路的城市空间序列，应用路线和目标的概念，开始了对该空间类似乐谱般的符号化研究。建筑空间不单纯是三次元的等质体，从中还看到认识空间的人们做出的同化环境，谋求创造更普遍的空间体系的努力。

二战后建筑领域划时代的研究和著作，无论如何当推凯文·林奇。林奇同研究生阿尔文·路卡肖克（Alvin K. Lukashok）一起，根据有关城市景观儿时记忆的测验进行了调查分析，终于建立了关于城市景观形象的概念，撰写了著名的《城市意象》一书。他所说的形象概念，是根据普遍在该地区安上位置的人们的共同空间体验而来，他导入了易解性、形象性、同一性等概念，作为城市要素的路线、边缘、区域、节点、标志这一空间领域的阶层组织，一般已具有稳定感。

继凯文·林奇之后就是前述的舒茨的著作，他的《存在·空间·建筑》的内容是平素研究的积累，对空间论的研究者来说的确是适合时宜的出版物。他从任何空间知觉都有其意义作用，因此必须与更稳定的图式体系相对应这一观点出发，论述了人在世界上为自身定位所必需的基本空间概念，由导入存在空间概念而展开他的建筑论。如前所述，他从学生时代起即对建筑理论有浓厚兴趣，参考文献涉及广泛的哲学领域，其中与他后来的空间论关系密切的有：马丁·海德格尔（M·Heidegger）、巴什拉（G·Bachelard）、鲍勒诺夫（O·F· Bollnow）、梅洛·庞蒂（Merleau-Ponty）、皮亚杰（Jean Piaget）等人关于空间基本研究的著述。这些著作均已被译成日文出版，这是颇为自豪的。

另一方面也不能忽视从文化人类学、社会学、环境心理学等角度出发的空间论述，爱德华·霍尔的《无声的语言》与《隐藏的维度》、罗伯特·索莫（Robert Sommer）的《人类的空间》等，对我们建筑师来说也是极有参考价值的。

最后想谈谈近来关于"小空间"的倾向。

从世界范围来看，最近大城市的荒废无需简·雅各布斯（Jane Butzner Jacobs）指出，也是有目共睹的。原因之一是由于城市的规模太大了，已开始超出了自身可能控制的范围。对住在大城市的每一位居民来说，即便是大城市，只要能安静地居住，也就算是舒适的场所了。大城市本来具有的"匿名性"魅力，如今也变质了，不管干什么都难以进行，因而引起了不安和烦躁，本来在一定限度内并不成问题的一些妨碍，变成了公害、噪声、日照等问题，一股脑儿向居民袭来。大城市已经超过容许限度而变得过密，就像在卡尔霍恩动物实验中所看到的"行为堕落"（behavioral sink）那样，一个地方过于集中就会开始引起不健康的病理现象。亚历山大在极盛时期城市人口达 70 万人以上，这曾被认为是物理上不可能的事，不能忘记这只是两个世纪前的事实。认为今天的科学技术可以解决一切问题，这恐怕是空中楼阁吧。

由西欧学者和文学家所描述的"居住"与人的存在的真正联系，是从居住在砖石建造的家中这一传统而来的，在日本也可看到，到处在不断建设着大规模的多层、高层住宅区。因大城市过密，在改造简陋木构住宅、创造不燃的安全城市环境方面，住宅公团的大规模住宅区一般被认为是一项有效措施，大体上已固定下来。我们建筑师为"阳光、绿化、空气"这样的口号所吸引，充分考虑建筑间距及开敞空间，已被看成是比什么都有效的手段。

若在实际规划中考虑建筑间距，那就是保证冬至日照四小时的空间，是不属任何居民所有的虚的空间。虽然谁都关心它，可是往往会变成谁都不管的不毛之地的空间。假使把它划分给居民，哪怕再小也好，或布置成庭园，或开辟为菜园，或作为杂物院，形成创造性的外部空间，这难道是不可能的吗？此为遇到的第一个问题。

西欧的城市住宅，各居住单元空间十分舒适，在里边可以过着自己完成式的创造性生活；相对地，日本则是在钢筋混凝土盒子中安置一些私密性很差的和室（地板上铺席垫的日式房间——译者注）。仅是夫妇居住则罢，要是连身心发展居于重要时期的孩子们也一并塞在混凝土盒子里，难道这合适吗？此为遇到的第二个问题。

当到达与大片居住区毗连的车站（电气铁路车站——译者注）而终于回家时，那鳞次栉比的住宅楼，一点也看不到以前低层住宅的那种变化和节奏。倘若认真地想想看，日本以前的低层住宅，这种适应日本气候自然条件的、在狭窄国土中的居住方式，难道就没有可取之处吗？此为遇到的第三个问题。

回想在希腊和意大利南部看到的所谓地中海低层住宅群，沿着弯曲道路的小小外部空间高高低低地依次展开，那种难以形容的感受，恐怕就是由于有着现代文明中所标榜的人性和大自然的爱抚，才动人心弦的吧。

舒茨关于街道曾阐述如下："街道的空间形体，一般可用长轴作为定义，不过街道并非笔直不可。过去的街道中，斜角或曲线造成了生动的透视效果。建筑物不是作为体量，勿宁说是作为面来表现的，这对空间特性来说有着决定影响。如果体量效果是支配性的，那么建筑物就可获得作为'图'（figure）的性质，街道与建筑物之间的空间相结合，即还原为二次的'地'（ground）。街道要成为确实的形体，就必须具有作为'图'的性质"。

这就意味着迄今所考虑的人性规划中的街道和建筑间距，是格式塔心理学所说的"地"而不成其为"图"。地中海一带的街道富有趣味和变化，街道根据情况可能成为"图"，换句话说不是近于本书中所提出的"逆空间"概念吗？这正像意大利地图，即使黑白反转过来，也并不觉得有什么不妥。如作者在本书中所述，外部空间中直到"逆空间"

均应满足设计意图，不用说，建筑占有的空间当然更应充分关心。当建筑未占据的"逆空间"都得到关注时，或整个用地作为一幢建筑来考虑设计时，这才是外部空间设计的开始。

几年前作者曾参观了勒·柯布西耶的昌迪加尔规划，不由得产生了一个疑问：高等法院与政府大厦之间相距大约 500 米的巨大外部空间，到底是怎样构成的呢？如果考虑到印度酷热的气候条件和落后的交通手段，那么那个巨大的外部空间就是极为空虚的空间，建筑是雕塑式纪念式的，而其外部空间则不能不说是消极式的。用格式塔理论的"地"与"图"的关系来说，这个巨大的外部空间毕竟不成为"图"，而勒·柯布西耶本人恐怕也没有把"地"处理成"图"的打算。

笔者认为，外部空间设计就足以把"大空间"划分成"小空间"，或是还原，或是使空间更充、实更富于人情味的技术。一句话，也就是尽可能将 N 空间 P 化。

"人的"空间问题，在 20 世纪心理学家开始研究起来。我们所知觉的，并非朴素的现实主义者所主张的、世界对所有人是共同的那样的世界，而是我们的动机和以往各种经验产物的形形色色的世界。"大空间"的评价正逐步转向对"小空间"的评价，这恐怕意味着我们已经超越了朴素的现实主义吧。巴什拉曾说："越过外部领域，内部领域是何等广阔啊！"仔细领会这段话，我想就应当重新来考虑"小空间"所谓的私密性了。如不考虑人类本能的"约拿情结"的潜在志向和人的空间构成的关系，那么就发现不了挽救大城市精神物质荒废的途径。

芦原义信

1974 年 10 月 20 日

参考文献

和辻哲郎，「風土人間学的考察」岩波書店，1935.

Dagobert Frey, *Glundlegung zu einer. vergleichenden Kunstwissenschaft*,
「比較芸術学」吉岡健二郎訳，創文社，1961.

Gaston Bachelard, *La Poétique de l'Espace,* 「空間の詩学」岩村行雄訳，
思潮社，1969.

Gaston Bachelard, *La Terre et les Reveries du Kepos* 「大地と休息の夢想」
響庭孝男訳，思潮社，1970.

奥野健男，「文学における原風景一原っぱ・洞窟の幻想」集英社，1972.

Otto Friedrich Bollnow, *Neue Ueborgenheit : Das Problem einer
Uberwmdung des Existentialismus,*「実存主義克服の問題」須田秀幸訳，
未来社，1969.

Maurice Merleau-Ponty, *Phenomenologie de la Perception* 「知覚の現象学
2」竹内，柚，宮本訳，みす
ず書房，1974.

Michel Ragon, *Les Erreurs Monumentales,* 「巨大なる過ち」吉阪隆正訳，
紀伊国屋書店，1972.

James J. Gibson, *The Perception of the Visual World*, Houghton Mifflin
Co. Boston, The Riverside Press, Cambridge, 1950.

Edward T.Hall, *The Silent Language,* 「沈黙のことば」国弘正雄他訳，
南雲堂，1966.

Edward T.Hall, "The Hidden Dimension", 「かくれた次元」日高・佐藤訳，

みすず書房，1970.

Robert Sommer，*Personal Space*「人間の空間」種山貞登訳，鹿島出版会，
　　1972.

Camillo Sitte，*Der Stddtebau nacn semen kiinstlerischen*（first
　　edition 1889），

Camillo Sitte，*The Art of building Cities* translated by Charles T.
　　Stewart，Reinhold，1945.

Camillo Sitte，*City Planning according to Artistic Principles* translated by
　　GeorgeR.Collins and Christiane Crasemann Collins，Random House，
　　1965，「広場の造形」，大石敏雄訳，美術出版社，1968.

George R. Collins and Christiane Crasemann Collins，*Camillo Sitte and
　　the Birth of Modern City Planning*，Random House，1965.

Werner Hegemann & Elbert Peets，*The American Vitruvius*，*An
　　Architect's Handbook of CIVIC ART*，Arch. Publishing Co.，New
　　York，1922.

Erno Goldfinger，"The Sensation of Space"，*Arch. Review*，Nov. 1941.

Erno Goldflnger，"Urbanism and the Spatial Order"，*Arch. Review*，
　　Dec. 1941.

Erno Goldfinger，"Elements of Enclosed Space"，*Arch. Review*，Jan.
　　1942.

Gordon Cullen，"Inunediacy"，*Arch. Review*，April 1953.

Gordon Cullen ，　"Closure"，*Arch. Review*，March 1955.

Gordon Cullen，　"Counter Attack"，*Arch. Review*，Dec. 1956.

Gordon Cullen，*Townscape*，The Architectural Press，London， 1961.

Hans Blumenfeld ，　"Scale in Civic Design"，*Town Planning Review*，
　　April 1953.

Pieter Dijkema ，"Innen und Aussen" Verlag G. Van Sanne "LecturaArchitectonica"
　　Hilversum.

Philip Thiel，*The Anatomy of Space*，a draft copy， 1959.

Philip Thiel，*The Urban Spaces at Broadway ana Mason ，A Visual
　　Survey，Analysis and Representation*， 1959.

Philip Thiel，*A Notation for Architectural and Urban Space*
　　Sequences，1960.

Philip Thiel，　"A Sequence experience Notation for Architectural and
　　Urban Space，" *The Town Planning Review*，April 1961.

Philip Thiel ，　"An Experiment in Space Notation"，*Arch. Review*，
　　May 1962.

Kevin Lynch & Malcolm Rivkin，　"A Walk around the Block"，*Landscape*，
　　Spring 1959.

Alvin K. Lukashok & Kevin Lynch，　"Some Childhood Memories of the
　　City"，*American Institute of Planners Journal*，Summer 1956.

Kevin Lynch，*Image of the City*，「都市のイメージ」丹下健三，富田玲子訳，

岩波書店，1968.

Paul Zucker, *Town and Square*, Columbia Univ. Press, New York, 1959.

Frederic Gioberd, *Town Design*, Architectural Press, Third Ed., London, 1959.

Bruno Zevi, *Architecture as Space*,「空間としての建築」栗田勇訳，青銅社，1966.

Steen Eiler Rasmussen, *Experiencing Architecture*,「経験としての建築」佐々木宏訳，美術出版社，1967.

宮川英二,「建築的空間」，彰国社，1974.

Cnristian Norberg-Schulz, *Intentions in Architecture*, Universitetsforlaget. Allen & Unwin Ltd. 1963.

Christian Norberg-Schulz, *Existence, Space and Architecture*,「実存・空間・建築」加藤邦男訳，SD 選書，鹿島出版会，1973.

Edited by Charles Jencks & George Baind, *Meaning in Architecture*, Barrie & Jenkins London, 1969.

The Editors of Fortune, *The Exploding Metropolis*, Doubleday & Co. Inc" New York, 1958.

Jane Jacobs, *The Death and Life of Great American Cities*,「アメリカ大都市の死と生」黒川紀章訳，鹿島出版会，1969.

G.E.Kidder Smith, *Italy Builds*, Reinhold Publishing Co., New York, 1954.

Ian Nairin, *Counter-attack against Subtopia*, The Architectural Press,

London, 1956.

Ian Nairin, *Outrage*, The Architectural Press, London, 1955.

Josep Lluis Sert, *Ibiza*, Ediciones Poligrafa, S.A., Barcelona, 1967.

Constantine E. Michaelides, *Hydra, A Greek Island Town*, The Univ.
of Chicago Press, Chicago & London, 1967.

Myron Goldfinger, *Villages in the Sun*, Lund Humphries, London,
1969.

Edward Allen, *Stone Shelters*, The MIT Press, Cambridge &
London, 1969.

The Paddington Society, *Paddington-A Plan for Preservation*, Sydney,
1970.

島村昇，鈴鹿幸雄他，「京の町家」，SD 選書，鹿島出版会，1971.

Thomas Sharp, *Town and Townscape*，「タウンスケープ」長素連・も
も子訳，SD 選書，鹿島出版会，1972.

西沢文隆，「コート . ハウス論」，相模書房，1974.

Whitney North Seymour, Jr・編, *Small Urban Spaces*，「スモールア
ーバンスペース」，小沢明訳，彰国社，1973.

Bernard Rudofsky, *Strees for People*，「人間のための街路」，平良・岡野訳，
鹿島出版会，1973.

芦原義信，「外部空間の構成 / 建築より都市へ」彰国社，1962.

Lawrence Halprin, *Cities*，「都市環境の演出」伊藤ていじ訳，彰国社，
1970.

中村良夫，「土木空間の造形」技報堂，1967.

樋口忠彦，「景観の構造に関する基礎的研究」，東京大学工学部学位論文，
　　　1974.

木内信蔵，「都市地理学研究」古今書房，1951.

矢守一彦，「都市プランの研究」大明堂，1970.

图书在版编目（CIP）数据

外部空间设计 ／（日）芦原义信著 ；尹培桐译.——
南京 ：江苏凤凰文艺出版社，2017.5
ISBN 978-7-5594-0364-3

Ⅰ．①外… Ⅱ．①芦… ②尹… Ⅲ．①空间－建筑设
计－研究 Ⅳ．①TU204

中国版本图书馆CIP数据核字(2017)第094744号

GAIBU KUKAN NO SEKKEI
©Yoshinobu Ashihara & Ashihara Architect & Associates
This simplified Chinese edition published in 2017
by Tianjin Ifengspace Media Co. Ltd.

书　　　　名	外部空间设计	
著　　　　者	〔日〕芦原义信	
责 任 编 辑	孙金荣	
特 约 编 辑	陈　景	
项 目 策 划	陈　景	
封 面 设 计	毛欣明	
内 文 设 计	毛欣明	
出 版 发 行	江苏凤凰文艺出版社	
出版社地址	南京市中央路165号，邮编：210009	
出版社网址	http://www.jswenyi.com	
印　　　　刷	北京建宏印刷有限公司	
开　　　　本	710 mm×1 000 mm　1/16	
印　　　　张	11	
字　　　　数	180千字	
版　　　　次	2017年5月第1版　2020年4月第5次印刷	
标 准 书 号	ISBN 978-7-5594-0364-3	
定　　　　价	42.00元	